教育部《全日制义务教育语文课程标准》推荐书目
中国教育学会中学语文教学专业委员会 专家审定

WEILUYEHUA

围炉夜话

【"安身立业"的最高境界】

〔清〕王永彬◎撰

《青少年经典阅读书系》编委会◎主编

首都师范大学出版社
CAPITAL NORMAL UNIVERSITY PRESS

图书在版编目(CIP)数据

围炉夜话/《青少年经典阅读书系》编委会主编.—北京：
首都师范大学出版社,2011.12(2025年2月重印)

(青少年经典阅读书系.国学系列)

ISBN 978-7-5656-0609-0

Ⅰ.①围… Ⅱ.①青… Ⅲ.①个人–修养–中国–清代–青年读物
②个人–修养–中国–清代–少年读物 Ⅳ.①B825-49

中国版本图书馆CIP数据核字(2011)第255935号

围炉夜话

《青少年经典阅读书系》编委会　主编

策划编辑　　徐建辉

首都师范大学出版社出版发行

地　　址　北京西三环北路105号
邮　　编　100048
电　　话　68418523(总编室)　68418521(发行部)
网　　址　www.cnupn.com.cn
印　　厂　廊坊市安次区团结印刷有限公司
经　　销　全国新华书店发行
版　　次　2012年9月第1版
印　　次　2025年2月第7次印刷
书　　号　978-7-5656-0609-0
开　　本　710mm×1000mm　1/16
印　　张　8
字　　数　112千
定　　价　28.00元

总　序
Total order

　　被称为经典的作品是人类精神宝库中最灿烂的部分，是经过岁月的磨砺及时间的检验而沉淀下来的宝贵文化遗产，凝结着人类的睿智与哲思。在滔滔的历史长河里，大浪淘沙，能够留存下来的必然是精华中的精华，是闪闪发光的黄金。在浩瀚的书海中如何才能找到我们所渴望的精华，那些闪闪发光的黄金呢？唯一的办法，我想那就是去阅读经典了！

　　说起文学经典的教育和影响，我们每个人都会立刻想起我们读过的许许多多优秀的作品——那些童话、诗歌、小说、散文等，会立刻想起我们阅读时的那种美好的精神享受的过程，那种完全沉浸其中、受着作品的感染，与作品中的人物，或者有时就是与作者一起欢笑、一起悲哭、一起激愤、一起评判。读过之后，还要长时间地想着，想着……这个过程其实就是我们接受文学经典的熏陶感染的过程，接受文学教育的过程。每一部优秀的传世经典作品的背后，都站着一位杰出的人，都有一颗高尚的灵魂。经常地接受他们的教育，同他们对话，他们对社会、对人生的睿智的思考、对美的不懈的追求，怎么会不点点滴滴地渗透到我们的心灵，渗透到我们的思想和感情里呢！巴金先生说："读书是在别人思想的帮助下，建立自己的思想。""品读经典似饮清露，鉴赏圣书如含甘饴。"这些话说得多么恰当，这些感

总　序

Total order

受多么美好啊！让我们展开双臂、敞开心灵，去和那些高尚的灵魂、不朽的作品去对话、交流吧，一个吸收了优秀的多元文化滋养的人，才能做到营养均衡，才能成为精神上最丰富、最健康的人。这样的人，才能有眼光，才能不怕挫折，才能一往无前，因而才有可能走在队伍的前列。

《青少年经典阅读书系》给了我们一把打开智慧之门的钥匙，会让我们结识世界上许许多多优秀的作家作品，会让这个世界的许多秘密在我们面前一览无余地展开，会让我们更好地去感悟时间的纵深和历史的厚重。

来吧！让我们一起品读"经典"！

国家教育部中小学继续教育教材评审专家
中国教育学会中学语文教学专业委员会秘书长

丛书编委会

丛书策划　复　礼
　　　　　王安石
主　　编　首　师
副 主 编　张　蕾
编　　委（排名不分先后）
　　　　　张　蕾　李佳健　安晓东　石　薇　王　晶
　　　　　付海江　高　欢　徐　可　李广顺　刘　朔
　　　　　欧阳丽　李秀芹　朱秀梅　王亚翠　赵　蕾
　　　　　黄秀燕　王　宁　邱大曼　李艳玲　孙光继
　　　　　李海芸

作品简介

《围炉夜话》共从原著中收集了221条富含人生哲理和行为标准的言辞，以"安身立业"为话题，分别从道德、修养、教育、勤俭、读书、忠孝等10个方面下笔。

从本书语言特点看：简单朴实、通俗易懂，但意义深刻、发人深省。书中告诉人们为人处世要心平气和，平易近人，不可违背乡俗，自命清高。做事应公平正直，光明磊落，切勿投机取巧，虚伪狡诈，以好施心计为智。本书中虽然都是三言两语，结构层次也没有《小窗幽记》那么清晰明了，但可谓"立片言而居要"，内涵极为深刻，贯穿首尾的思想多为正宗的儒家学说，从而具有广泛的教育意义。另外，本书还把鞭挞、指导、讽刺、劝勉等多种情感熔于一炉，用精妙的语言道出了深刻的哲理，让人读来回味无穷，获益匪浅。

就《围炉夜话》一书的特点来看：简明扼要，可圈可点。稳当话，却是平常话，所以听稳当话者不多。为人处世，名牵利引，总须立定脚跟，坚持原则。所以稳当话还是要听一听。此书是咸丰年间作者家庭的谈话记录，可怜天下父母心，为人父母者无不愿儿女读好书、听好话、识好人、做好事，过上身心幸福、家宅安乐、福慧增长、长治久安的好生活。所以殷殷劝告、谆谆教导，苦口婆心，情深意切！愿天下为人父母、儿女者于百忙之中，一读此书，体会天下父母心，择其精华，作为立身处世的参考。

在寒冷的冬天，空闲之余正好可以围着温暖的炉火，在寂静的夜晚讨论如何为人、如何处世，这不但可以自省，而且还能享受一个圣贤之士针对人生的思辨和觉悟。

林语堂先生在《张潮的警句》中说：

大自然整个渗入我们的生命里。大自然有的是声音、颜色、形状、情趣和氛围。人类以感觉的艺术家的资格，开始选择大自然的适当情趣，使它们和自己协调起来，这是中国一切诗或散文的作家的态度，可是我觉得这方面的最佳表现乃是张潮在《幽梦影》一书里的警句。这是一部文艺的格言集，这一类的集子在中国很多，可是没有一部可和张潮自己所写的比拟……他有一些论人生的警句非常之妙，而且是整部格言集中的主要部分。

正如林语堂先生评价《幽梦影》所说一样，《围炉夜话》也是一部文艺的格言集，更是一部人生的格言集。书中经典简练的语言在立身处世、德行修养、待人接物、思想境界等方面，都有其独到的见解、深刻的内涵，其中所涉及的修身、齐家、治国、平天下的道理与我们的日常生活息息相关，使先哲智慧带上浓厚的生活气息与人情味，让读者在轻松愉快中领略其蕴涵的深刻道理。

浮躁、迷惘、空虚、忧郁，是不少现代人的通病。一些人看重的更多是对功名利禄和荣华富贵的追求，而忽略了对自己身心健康的培植，所以精神显得匮乏，总是埋怨生活的无聊与苦涩。如果能在百忙之中抽出一些时间去静心阅览一番此书，可能会给生活带来一些欢乐与充实，领略美好生活的另一面。只要我们不妄自菲薄，不轻易放弃，我们每个人都可以从生活中找到属于自己的一片天幕，而后在这片天幕中挥洒出自己的生命彩影，找回自己本真的面目。现代有些人的痛苦，根源于对物质世界的极力追求，而缺失人性的纯洁与生活的清静。紧张的生活节奏、沉重的生活压力和竞争的生存危机，使我们疲于奔波，从而忽略了那本心具足的常青之树，缺少了生活中的快乐与幸福。而此时的我们不如步入作者所描述的精神境界，让《围炉夜话》这盏心灯为我们照亮前行的路程，提醒我们去破除对纷乱事物的执著追求，从而引导去追求一个更高、更美、更善的生活境界。

　　书中告诉我们：人的欲望过多导致了生活中烦恼众生，人为一己私利而受到俗事的牵绊。我们只有脑中不存担忧、生活简单、多点给予、少点期盼，如此才能得到人生中的真正快乐。为人处世当明舍得之理，当舍则舍，当得则得，能屈能伸，能进能退。张弛结合，方能运转自如，这才是成就大事的人。人应有辨别真伪的目光，有些人表面装出慈善的菩萨心肠，而实际上内心险恶，让人难以捉摸……所以书中对我们的劝勉就是不论在什么时候，也不要停止本心对善良快乐的呼唤。虽然人们在狂躁烦热之时听不到它的声音，但每当夜气清明之际，它就会回响在每个人的脑际。当你在闲暇之余，不如读读这本修身养性之书，读中有悟，以悟促读，来品味并领会其博大精深的内涵，体悟其深邃机妙的智慧。

目录

目录

目录

目录

第 1 则

【原文】

教子弟于幼时①，便当有正大光明气象②；检身心于平日③，不可无忧勤惕厉功夫④。

【译文】

教导子孙后代就要从幼年时开始抓起，以便培养他们在为人处世时的正直宽大、光明磊落的气概；在日常生活中要时时作自我的内心反省，时刻保持忧患意识和自我砥砺的修养功夫。

第 2 则

【原文】

与朋友交游①，须将他好处留心学来②，方能受益；对圣贤言语，必要我平时照样行去，才算读书。

【译文】

与朋友交流往来，一定要注意观察朋友的优点与长处，并认真领会，加以借鉴学习，我们才会有所收益；对于古代圣贤之士的言行，一定要在日常生活中得以遵循执行，只有这样我们才算是真正读书了。

第 3 则

【注释】

①唯：只有。

②妨：障碍。

【原文】

贫无可奈唯求俭①，拙亦何妨只要勤②。

【译文】

贫穷到无路可走的时候，只要力求节俭（便可以渡过难关）；自己愚笨并不可怕，只要付出更多的勤奋与努力（还是能够跟上强者的）。

第 4 则

【注释】

①稳当：牢靠妥当。

②本分：安分守己。

③快活：快乐。

【原文】

稳当话①，却是平常话，所以听稳当话者不多；本分人②，即是快活人③，无奈做本分人者甚少。

【译文】

平实稳妥的话语，是既没有吸引力也不令人感到惊奇的言语，所以喜欢听这样话的人很少；知足常乐、安分守己的人，没有不切实际的奢求，所以他们活得很快乐，但可惜这样的人在我们生活中却并不多见。

第 5 则

【原文】

处事要代人作想①，读书须切己用功②。

【译文】

处理事情的时候要多替别人着想（而不是只顾自己的利益）；读书的时候必须自己用功（因为学知识别人是不能代替的）。

【注释】

①代人作想：替他人设身处地着想；想想别人的处境。

②切己：自己切实地。

第 6 则

【原文】

一"信"字是立身之本①，所以人不可无也；一"恕"字是接物之要②，所以终身可行也。

【译文】

诚信是我们处世立身的根本（如果一个人失去诚信，他就会孤立无援）所以我们不可丢弃；宽恕是我们待人接物必不可少的一条原则（如果一个人没有容人之量，他就会变得心胸狭窄，自私自利）所以我们应该终身奉行。

【注释】

①立身：树立己身。

②恕：宽容。接物：与别人交际。

第 7 则

【原文】

人皆欲会说话，苏秦乃因会说话而杀身①；人皆欲多积财，石崇乃因多积财而丧命②。

【译文】

每个人都希望自己能说会道，但战国时期的苏秦就是因为自己口才太好，才招来杀身之祸；人人都愿意自己拥有更多的钱财，可是晋代的石崇却由于积财太多，而失去了性命。

第 8 则

【原文】

教小儿宜严①，严气足以平躁气②；待小人宜敬③，敬心可以化邪心④。

【译文】

教育自己的孩子应当严格，因为严格的态度可以压抑他们浮动的躁气（使他们能够安心学习）；对待邪恶阴险的小人，我们可以采取尊重的心态，因为尊敬的态度可以感化他们邪恶的内心。

第 9 则

【原文】

善谋生者，但令长幼内外勤修恒业^①，而不必富其家；善处事者，但就是非可否审定章程^②，而不必利于己。

【注释】

①恒业：经常而长久的职业。

②就：取向，接近。章程：章术法式。

【译文】

善于谋求生活的人，只要能够使家中年纪大小、家里家外的成员，勤奋地完成自己所从事的事业（就够了），并不必刻意使家道富贵（但却能在安稳中成长）。善于处理世事的人，只是就事情如何完成，依据可不可以去做而作出判断后制定办理的规则与程序，并不会只从对自己有利的方面去考虑。

第 10 则

【原文】

名利之不宜得者竟得之，福终为祸；困穷之最难耐者能耐之，苦定回甘。生资之高在忠信^①，非关机巧^②；学业之美在德行^③，不仅文章。

【注释】

①生资：资质，天分。

②机巧：机变取巧。

③德行：道德品行。

【译文】

得到不该得的名声和利益，福分终究会成为祸患的源头；最难以忍耐的贫穷与厄运坚持过去之后，那么我们就可以得到幸福的甘甜了。人资质的高低取决于他是否忠实诚信，而不是善于玩弄手段；人学问的深浅取决于他高尚的道德与品行，而不仅仅靠文章的优美。

第 11 则

【注释】

①奢淫：奢侈，荒淫。

②靡：奢侈，浪费。

③敦：淳厚，笃厚。君子：泛称有才德的人。

④名节：名誉和节操。

⑤光争日月：可与日月争辉。

【原文】

风俗日趋于奢淫①，靡所底止②，安得有敦古朴之君子③，力挽江河；人心日丧其廉耻，渐至消亡，安得有讲名节之大人④，光争日月⑤。

【译文】

社会之风日渐追求奢侈浮华，看起来丝毫没有改善的迹象，怎样才能出现一些朴实无华的君子，去改变这江河日下的局面呢？世人清廉知耻之心也快要沦丧殆尽了，何时才能出现些讲名礼节气的大人物（去唤醒人们的廉耻之心）与日月争辉呢？

第 12 则

【注释】

①官骸：五官和身体。

【原文】

人心统耳目官骸①，而于百体为君②，必随处见神明之宰③；

人面合眉鼻眼口，以成一字曰苦（两眉为草，眼横鼻直而下承口，乃苦字也），知终身无安逸之时。

②于百体为君：指心在人体器官中居首要地位。

③神明：即神祇。

【译文】

心统治着人的五官和全身，是身体的主宰，所以我们一定要保持清醒的头脑（才不至于出现差错）。人的面部是由眉、眼、鼻、口等部分组成的，若把两眉看做草头，两眼看成一横，鼻子为一竖，下面是个口，所以看起来很像一个"苦"字，因此便知道了终生没有安逸的时候。

第 13 则

【原文】

伍子胥报父兄之仇而郢都灭，申包胥救君上之难而楚国存，可知人心足恃也①；秦始皇灭东周之岁而刘季生，梁武帝灭南齐之年而侯景降，可知天道好还也②。

【注释】

①恃：依靠，凭借。

②天道好还：指天理循环，报应不爽。

【译文】

伍子胥为了报父兄之仇，最后终于攻破楚国之都城郢（而鞭打仇人尸骸）；申包胥则发誓救楚国于危难之中（而在秦国的帮助下）使楚国没有灭亡，由此可见，只要决心去做事情，就一定能够办到。在秦始皇灭东周的那一年，刘邦出生了；在梁武帝灭南齐的那一年，侯景前来投降了，可见确实存在着循环往复的天理报应呀。

第 14 则

【注释】

①韬藏：掩藏，深藏。

②浑金璞玉：未炼的金，未琢的玉。比喻人品纯真朴实。

③暗然：昏暗的样子。

【原文】

有才必韬藏①，如浑金璞玉②，暗然而日章也③；为学无间断，如流水行云，日进而不已也。

【译文】

有才能的人必定（勤于修养，但又）不露锋芒，就如同未经琢磨的金玉一般，开始躲人耳目，但时间长了才会显露其光彩。做学问一定不能时断时续，而是要像行云和流水那样，永不停息地前进。

第 15 则

【注释】

①余庆：遗留给子孙的恩泽、福荫。

②余殃：遗留给子孙的祸患。

③益：增加。

【原文】

积善之家，必有余庆①；积不善之家，必有余殃②。可知积善以遗子孙，其谋甚远也；贤而多财，则损其志；愚昧而多财，则益其过③。可知积财以遗子孙，其害无穷也。

【译文】

凡做好事积善的人家，必然遗留给子孙许多的恩泽；而行恶事积不善的人家，则留给子孙的只能是灾祸。所以我们要多做好事，为子孙后代造福，这才是为他们做长远的打算。圣贤之士有许多的金钱，但这很容易使他们贪图享受而不求上进；愚笨的人拥有很多钱财，但这可能会给他们增加过失。所以说将金钱留给子孙是有很大害处的。

第 16 则

【原文】

　　每见待弟子严厉者易至成德①，姑息者多有败行②，则父兄之教育所系也。又见有弟子聪颖者忽入下流③，庸愚者转为上达④，则父兄之培植所关也。人品之不高，总为一"利"字看不破；学业之不进，总为一"懒"字丢不开。德足以感人，而以有德当大权⑤，其感尤速；财足以累己，而以有财处乱世，其累尤深。

【译文】

　　那些平常对待子孙十分严格的人，才容易使子孙养成良好的品德，对待子孙迁息姑就的，子孙大多道德行为败坏，这绝对是与父母的教育分不开的。一些后辈原本聪明，却忽然做了品德低下的事；一些天资原本愚笨的后人，后来反而具有高尚的道德品质，这都是父兄教导培养的缘故呀！人的品格不清高，是因为无法看透一个"利"字；学问总是没有长进，是因为懒惰而不勤奋导致的。能以道德感化他人，而且又身居高位有权威的人，那么感化他人就更容易了；钱财多了会拖累自己，如果又处在比较混乱的社会时代中，则钱财的拖累就更严重了。

【注释】

①成德：培养出有德行的人。

②姑息：无原则的宽容。败行：不好的德行。

③下流：品行卑污、低下。

④庸愚：平庸愚劣。上达：上进。

⑤当：担当，担任。大权：重大的权力。

第 17 则

【注释】

①乡党：按照周礼规定，二十五家为闾，四闾为族，五族为党，五党为州，五州为乡，合称乡党。

【原文】

读书无论资性高低，但能勤学好问，凡事思一个所以然，自有义理贯通之日；立身不嫌家世贫贱，但能忠厚老成，所行无一毫苟且处，便为乡党仰望之人①。

【译文】

读书无论天赋资质的高低，只要能够勤奋学习（遇有难题肯于请教），任何事情都爱问个为什么，总有一天能够明白书中的道理。在社会上立足，就不要害怕自己出身低微，只要为人忠厚老实，做事稳重踏实、一丝不苟，便会成为乡邻们所敬仰的榜样。

第 18 则

【注释】

①恶：厌恶，讨厌。乡愿：指外博谨愿之名，实与同流合污的伪善之人。

②鄙夫：指鄙陋浅薄之人。

【原文】

孔子何以恶乡愿①，只为他似忠似廉，无非假面孔；孔子何以弃鄙夫②，只因他患得患失，尽是俗人心肠。

【译文】

孔子为什么厌恶"乡愿"呢？就是因为他们表里不一，表面看来忠厚廉洁，虚伪矫饰，而内心却险恶；孔子为什么厌弃"鄙夫"呢？就是因为他们不知从大体出发，只是为个人利益斤斤计较，这是不知人生内涵的俗物呀！

第 19 则

【原文】

打算精明①，自谓得计②，然败祖父之家声者，必此人也；朴实浑厚，初无甚奇，然培子孙之元气者③，必此人也。

【译文】

凡事斤斤计较、不肯吃亏的人，自以为占了便宜，其实败坏了祖宗门风的往往是这种人。诚实朴素、为人厚道的人，看起来没有什么特别之处，其实能够培养子孙淳厚品质、使家门殷兴不衰的又往往是他们。

【注释】

①打算：这里指精打细算。

②自谓得计：自以为计谋得逞。

③元气：指人的精神，生命力的本源。

第 20 则

【原文】

心能辨是非，处事方能决断①；人不忘廉耻，立身自不卑污②。

【译文】

心中能够辨别什么是对的、什么是错的，处理事情就能毫不

【注释】

①决断：决定怎么办。

②卑污：卑鄙污秽。

犹豫地作出决断；人不忘廉耻之心，为人处世就不会作出品行低下的事。

第 21 则

【注释】

①愚忠：不明事理地尽忠。

②愚孝：指不明事理地尽孝，其程度已到了被人以之为非常愚昧的行为。

③两行：两种答案，两种道路。

【原文】

忠有愚忠①，孝有愚孝②，可知"忠孝"二字，不是伶俐人做得来；仁有假仁，义有假义，可知仁义两行③，不无奸恶人藏其内。

【译文】

有一种忠义被人视为愚忠，有一种孝行被人视为愚孝。由此可知，忠与孝这两种品质，那些精明的人是做不来的。有些仁爱和道义在事实上也是些假仁假义。由此可知，常人所说的仁义之士中，也不见得没有阴险狡诈的小人。

第 22 则

【注释】

①平地亦起风波：比喻突发意外事故。本文比喻无端生事。

②颠倒：指对一般事物的错置，比喻是非颠倒。

【原文】

权势之徒，虽至亲亦作威福。岂知烟云过眼，已立见其消亡；奸邪之辈，即平地亦起风波①。岂知神鬼有灵，不肯听其颠倒②。

【译文】

玩弄权术的人，即使对至亲至爱的人也会依仗权势作威作福的，哪里知道权势是不能长久的，就像烟消云散一般容易。奸邪的人，即使在太平无事的日子里，也会惹是生非的，又哪里知道有鬼神在盯着呢，邪恶的行径终究要失败的。

第 23 则

【原文】

自家富贵，不着意里①；人家富贵，不着眼里②。此是何等胸襟！古人忠孝，不离心头；今人忠孝，不离口头。此是何等志量③！

【译文】

自身显达富贵了，并不将它放在心上去加以炫耀；别人富贵了，也不将它放在眼里而生嫉妒之意。这是多么宽厚的胸襟呀！古代的人讲究忠孝两字，并将其常挂心头，不敢忘记去尽忠尽孝；现在也有不少人对忠孝行为赞不绝口，时加提倡。这又是多么高的气量呀！

【注释】

①不着意里：指不放在心上。

②不着眼里：不看着眼热，没有嫉妒心。

③志量：抱负和器量。

第 24 则

【原文】

王者不令人放生，而无故却不杀生，则物命可惜也①；圣人不责人无过，唯多方诱之改过，庶人心可回也②。

【注释】

①物命：指万物的生命。

②庶：将近，差不多。

【译文】

作为君王，虽然不命令人去放生，但也绝对不会无缘无故地滥杀生命，由此可见生命是很值得爱惜的；作为圣贤，他们也从来不曾要求别人不犯错误，而是以各种方式引导人们改正错误，这样才能使人们由恶转善、改邪归正。

第 25 则

【注释】

①立言：树立精要可传的言论。

②贵：重视，崇尚。平正：公正，不偏颇。

③精详：精要详尽。

【原文】

大丈夫处事，论是非，不论祸福；士君子立言①，贵平正②，尤贵精详③。

【译文】

有志之人处理事情，只问做得对还是错，并不管这样做对自己是祸是福；读书人著书立作，重要的是力求公平正直，如果能进一步精当详尽，那就更为可贵了。

第 26 则

【注释】

①科名：原指科举的名目。本文指科举功名。

【原文】

存科名之心者①，未必有琴书之乐；讲性命之学者，不可无经济之才②。

【译文】

存有追求功名利禄之心的人，不一定能体会到琴棋书画的乐趣；讲求生命学问的人，却不能没有经世济民的才学。

第 27 则

【原文】

泼妇之啼哭怒骂，伎俩要亦无多①；唯静而镇之，则自止矣。谗人之簸弄挑唆②，情形虽若甚迫；苟淡而置之，是自消矣。

【注释】

①伎俩：原指技能，今多用于贬义，即手段、花样。

②簸弄：造言生事，颠倒是非。

【译文】

蛮横不讲理的泼妇，除了啼哭叫骂之外，也就没有别的什么手段了，只要我们镇定自若，不去理会，便会自知没趣而终止。对于那些搬弄是非、挑拨离间的小人，虽然有时让我们十分窘迫，但如果能淡然处之，置闲言碎语于不顾，那些空穴来风的诽谤自会消失。

第 28 则

【原文】

肯救人坑坎中①，便是活菩萨；能脱身牢笼外，便是大英雄。

【注释】

①坑坎：指坑坑洼洼的崎岖不平的道路。比喻

艰难困苦的境遇。

【译文】

　　肯尽心尽力救助陷于苦难中的人，便如同活菩萨在世；能不受世俗人性的束缚，超然于俗务之外的人，便可以称之为杰出的人。

第 29 则

【注释】

①气性：气质，性情。
乖张：指性情执拗，怪僻。
②夭亡：少壮而死，短命。
③深刻：严峻刻薄。

【原文】

　　气性乖张①，多是夭亡之子②；语言深刻③，终为薄福之人。

【译文】

　　脾气性情怪僻、执拗的人，多数是短命之人；言语尖酸刻薄的人，最终是没有什么福分的。

第 30 则

【注释】

①同流合污：被恶人所同化而跟着做坏事。
②舍近图远：只想图谋远大的目标，而对就近可以完成的事不屑一顾。

【原文】

　　志不可不高，志不高，则同流合污①，无足有为矣；心不可太大，心太大，则舍近图远②，难期有成矣。

【译文】

　　志向应当高远，志向不高远，就容易被社会的不良习气所影响，从而与庸俗低级者混为一体而没有什么作为；心气不能够太盛，如果不从实际出发而好高骛远的话，也很难达到自己希望的成功。

第 31 则

【原文】

贫贱非辱，贫贱而谄求于人者为辱^①；富贵非荣，富贵而利济于世为荣^②。讲大经纶，只是实实落落；有真学问，决不怪怪奇奇。

【译文】

贫穷和地位低下不是什么耻辱的事，但因为贫穷和地位的低下去向人谄媚奉承，以求得他人的施舍，这样就真的很可耻了；拥有财富并不是什么光荣的事，但有了财富能够去帮助他人，就是件很光荣的事了。讲求经世治国之道，应该能落到实处；真正有学问，也绝不会故弄玄虚。

第 32 则

【原文】

古人比父子为乔梓，比兄弟为花萼^①，比朋友为芝兰，敦伦者，当即物穷理也；今人称诸生曰秀才，称贡生曰明经，称举人曰孝廉^②，为士者，当顾名思义也。

【译文】

　　古代的人把父子比喻为乔木和梓木，把兄弟比喻为花与萼，把朋友比喻为芝兰和香草，因此，讲求人伦关系的人，由天地万物之理推及世间人伦之理。现在的人称读书人为秀才，称荐入太学的人为明经，称举人为孝廉，因此读书人可以从这些名称中，明白自己应有的内涵。

第 33 则

【注释】

①不肖：子不像父，不相似。

②率：做榜样，做表率。

③无庸：不需要，不用。

徒事言词：仅仅使用言词。

【原文】

　　父兄有善行，子弟学之或不肖①；父兄有恶行，子弟学之则无不肖；可知父兄教子弟，必正其身以率之②，无庸徒事言词也③。君子有过行，小人嫉之不能容；君子无过行，小人嫉之亦不能容；可知君子处小人，必平其气以待之，不可稍形激切也。

【译文】

　　长辈们有好的德行，晚辈们也许想学习，但却学不像；但要是长辈们有不好的行为，晚辈们倒是一学就会，没有不像的。由此可知，长辈教育晚辈，一定要先使自己的品行端正，为他们做好榜样，不能只说空话而不以身作则。有道德的正人君子稍有差错，小人就会因嫉妒而以此作为攻击的把柄；但即使有德之人不犯错，小人由于嫉妒之心也是不能容忍的。由此可见，君子与小人相处，一定要平心静气，不能够有任何急切的言行。

第 34 则

【原文】

守身不敢妄为①，恐贻羞于父母②；创业还需深虑③，恐贻害于子孙。

【注释】

①妄为：胡作非为。

②贻：遗留。

③深虑：慎重地考虑。

【译文】

一个人谨守自己的行为，而不胡作非为，就是怕自己的不良行为会使父母蒙羞；开创事业之时，也一定要深思熟虑，权衡得失，以免危害到我们的子孙后代。

第 35 则

【原文】

无论做何等人，总不可有势利气①；无论习何等业，总不可有粗浮心②。

【注释】

①势利：看重有财有势者，轻视无财无势者。

②粗浮心：粗疏草率而轻浮的心。

【译文】

不论选择什么样的做人方式或是做哪一种人，都不可以有趋炎附势、追逐名利的习气；无论我们选择什么样的事业，同样也不能够有粗浮轻率的心思。

第 36 则

【注释】

①身份：原指人在社会上的地位、资历等，此处表示一个人的能力和素质。

【原文】

知道自家是何等身份①，则不敢虚骄矣；想到他日是那样下场，则可以发愤矣。

【译文】

对自己的能力和内涵的虚实有了清醒的认识，就不敢妄自尊大，虚浮骄傲了；想到贪图享受、虚度年华的可悲下场，就会奋发图强地做事了。

第 37 则

【注释】

①大家：旧指高门贵族，大户人家。

②因循：沿袭旧法，不知变通。

【原文】

常人突遭祸患，可决其再兴，心动于警励也；大家渐及消亡①，难期其复振，势成于因循也②。

【译文】

平常的人如果突然遭受了灾难或祸患的打击，是可以重整旗鼓、东山再起的，因为挫折提醒和激励自己不要丧失信心。但是，如果一个团体失去了斗志，意志消沉下去，就很难再有重新振作起来的可能了，因为墨守成规的习性已经养成，是很难改变了。

第 38 则

【原文】

天地无穷期①，生命则有穷期，去一日便少一日；富贵有定数②，学问则无定数，求一分便得一分。

【注释】

①穷期：极限，尽头。

穷，极，尽。

②定数：一定的气数。

【译文】

天地万物，无穷无尽，但人的生命却是有限的，时间过一天，生命就会减少一天；人的荣华富贵命中都有定数，但学问却并非如此，只要多下一点工夫，就会多一分收获。

第 39 则

【原文】

处事有何定凭①，但求此心过得去；立业无论大小②，总要此身做得来。

【注释】

①定凭：一定的凭据。

②立业：创立事业。

【译文】

处理事情，并没有判断好坏的统一标准，只要做到问心无愧就可以了；创立事业，是大是小也没有一定的依据，只要自己量力而行就可以了。

第 40 则

【注释】

①气性：气质，性情。

②文章事功：学问和
事业的成就。俱：都，
全。

③矫饰：故意做作而
掩盖本来面目。

【原文】

气性不和平①，则文章事功俱无足取②；语言多矫饰③，则人品心术尽属可疑。

【译文】

一个人如果不能心平气和地待人处事，那么他无论是做学问还是立事业，都不会有什么值得别人效仿的地方；如果一个人言语故意矫揉造作，虚伪不实的话，那么这个人的品德与心性都是值得怀疑的。

第 41 则

【注释】

①守拙：安于愚拙而不取巧。

②滥：过度，没有节制地。

【原文】

误用聪明，何若一生守拙①；滥交朋友②，不如终日读书。

【译文】

聪明用错了地方，还不如笨拙一辈子；随便结交朋友，倒不如整天闭门读书。

第 42 则

【原文】

看书须放开眼孔①，做人要立定脚跟。

【译文】

读书须放开眼界、胸怀宽广；做人要站稳立场、把握原则。

第 43 则

【原文】

严近乎矜①，然严是正气②，矜是乖气；故持身贵严③，而不可矜；谦似乎谄，然谦是虚心，谄是媚心；故处世贵谦，而不可谄。

【注释】

①矜：矜持，拘谨。

②乖气：邪恶之气，不正之气。

③持身：立身处世。

【译文】

庄严看起来近似傲慢，但庄严是正气之风，傲慢却是乖僻的不良习气，所以律己要庄重而不可傲慢。谦虚有时看起来像是谄媚，但谦虚是心中充实而不自满，谄媚却是讨好于人，所以为人处世应该谦虚而不可谄媚。

第 44 则

【原文】

财不患其不得①，患财得而不能善用其财；禄不患其不来②，患禄来而不能无愧其禄。

【译文】

不要担心得不到钱财，怕的是得到钱财而不能好好地使用；不要担心官禄不来，怕的是有了官禄却不能无愧地去面对它。

第 45 则

【原文】

交朋友增体面，不如交朋友益身心①；教子弟求显荣②，不如教子弟立品行。

【译文】

如果交朋友是为了增加面子，就不如交一些对自己身心有益的朋友；如果教自己的孩子求得荣华富贵，还不如教诲他们修身立德学习良好的品格。

第 46 则

【原文】

君子存心①，但凭忠信，而妇孺皆敬之如神，所以君子落得为君子；小人处世，尽设机关，而乡党皆避之若鬼，所以小人枉做了小人②。

【译文】

君子做事，但求尽心尽力，诚实守信，所以妇人和小孩都对他极为尊重，视若神明，这就是君子为何被称为君子的原因了；小人做事，却处心积虑，布置圈套，乡邻亲友都对其退避三舍，如遇魔鬼，这就是小人为何白费心机仍做小人的缘故了。

【注释】

①存心：居心，指存在心中的念头。

②枉：徒然，枉然。

第 47 则

【原文】

求个良心管我①，留些余地处人②。

【译文】

自己应有一颗善良之心，并严格要求自己不违背它；留一些余地给别人，从而使他们也有容身之处。

【注释】

①良心：天生的善良之心。

②余地：余裕、宽裕之处。

第 48 则

【注释】

①覆坠：倾覆。

②饬躬若璧（chì）躬若璧：自我修养得像白璧无瑕，毫无污点。

【原文】

一言足以召大祸，故古人守口如瓶，唯恐其覆坠也①；一行足以玷终身，故古人饬躬若璧②，唯恐有瑕疵也。

【译文】

一句话就有可能招来大祸，所以古人讲话十分谨慎，唯恐如瓶落地般而招来杀身之祸；一次失误的错事就会使一生的清白受到玷污，所以古人行事谨慎小心，守身如玉，唯恐因做错事而使自己抱憾终生。

第 49 则

【注释】

①横逆：强横不讲道理。

②坐弦：安坐弹琴，自得其乐。

【原文】

颜子之不较，孟子之自反，是贤人处横逆之方①；子贡之无谄，原思之坐弦②，是贤人守贫穷之法。

【译文】

遇到有人冒犯，颜渊不与人计较，孟子则自我反省，这是君子遇到蛮横无理时的自处之道。面对贫穷困境，子贡不献谄取媚，子思以弹琴自得其乐，这就是贤人对待贫穷的方法。

第 50 则

【原文】

观朱霞①，悟其明丽；观白云，悟其卷舒②；观山岳，悟其灵奇；观河海，悟其浩瀚③，则俯仰间皆文章也。对绿竹，得其虚心；对黄华④，得其晚节；对松柏，得其本性；对芝兰，得其幽芳，则游览处皆师友也。

【注释】

①朱霞：红色的云霞。

②卷舒：弯曲舒展。

③浩瀚：形容水势广大辽阔的样子。

④黄华：指菊花。

【译文】

观赏彩霞，领悟到它的绚丽多彩；观赏白云，领悟到它的卷舒自如；观赏山岳，领悟到它的灵秀雄伟；观赏大海，领悟到它的浩瀚无边。因此，只要细心体会，天地间到处都是好文章。面对绿竹，品味到了它的虚心有节；面对菊花，品味到了它的高风亮节；面对松柏，品味到了它们的傲然不屈；面对芝兰，品味到了它们的芬芳幽远。所以，只要留意深思，游览处样样都是良师益友。

第 51 则

【原文】

行善济人①，人遂行以安全，即在我亦为快意②；逞奸谋事③，事难必其稳便，可惜他徒自坏心。

【注释】

①济人：救济和帮助别人。

②快意：心情愉快。

③逞奸谋事：施展奸诈
手段以图谋成事。逞，
施展，显露。

【译文】

　　帮助他人，从而使其得以安逸保全，自己也会感到愉快满意；使用奸计，事情也未必就能稳当便利，可惜的是白白损坏了自己的心性。

第 52 则

【注释】

①镜于水：以水为镜。

②鉴：照，审察。

③蹶（jué）：颠仆，
跌倒。

【原文】

　　不镜于水①，而镜于人，则吉凶可鉴也②；不蹶于山③，而蹶于垤，则细微宜防也。

【译文】

　　不以水为镜，而以人为镜反照自身，那么就可以明白其中的吉凶祸福了；没有在高山上跌倒，却跌倒在了小土堆上，这说明了细微之处加以预防也是十分重要的。

第 53 则

【注释】

①规模：规制，格局。

【原文】

　　凡事谨守规模①，必不大错；一生但足衣食，便称小康。

【译文】

　　凡事只要谨慎地遵守一定的规则和模式，就不会出现大的差错；一辈子衣食无忧的话，也可称得上是安逸的小康家境了。

第 54 则

【原文】

　　十分不耐烦①，乃为人之大病；一味学吃亏，是处事之良方。

【注释】

①不耐烦：不能忍耐烦琐之事。

【译文】

　　为人处世不能忍受麻烦，是一个人最大的缺点；任何事情都能抱着吃亏的态度，便是最好的处事方法。

第 55 则

【原文】

　　习读书之业，便当知读书之乐；存为善之心，不必邀为善之名①。

【注释】

①邀：希求，求得。

【译文】

　　把读书作为自己的事业，就能得到读书中的乐趣；心中存有行善的思想，就不必刻意求得好的名声。

第 56 则

【注释】

①非：不是之处。

②取：取法。

【原文】

知往日所行之非①，则学日进矣；见世人可取者多②，则德日进矣。

【译文】

知道自己过去做得不对的地方，那么学问就能不断得到进步；看到他人值得学习的地方很多，那么品德就会不断进步。

第 57 则

【注释】

①敬：尊重。

【原文】

敬他人①，即是敬自己；靠自己，胜于靠他人。

【译文】

尊敬他人，就是尊敬自己；依靠自己，胜过依靠他人。

第 58 则

【原文】

　　见人善行，多方赞成；见人过举①，多方提醒。此长者待人之道也②。闻人誉言，加意奋勉③；闻人谤语④，加意警惕。此君子修己之功也。

①过举：有过失的举动和行为。

②长（zhǎng）者：指年长德高的谦厚者。

③奋勉：勉励振作，激励振作。

④谤语：诋毁人的话。这里指批评的话。

【译文】

　　见到他人好的行为，应多多地赞扬；见到他人有过失的地方，应多多地提醒，这是长者对待他人的方法。听到别人赞美自己的话，应该更加勤奋努力；听到他人诽谤自己的话，应该更加注意自己的行为，这就是君子修养自己的功夫。

第 59 则

【原文】

　　奢侈足以败家；悭吝亦足以败家。奢侈之败家，犹出常情；而悭吝之败家，必遭奇祸。庸愚足以覆事①，精明亦足以覆事。庸愚之覆事，犹为小咎②；而精明之覆事，必是大凶。

【注释】

①覆事：败坏事情。

②小咎：小的过失，小的过错。咎，过错，过失。

【译文】

　　奢侈足以使家业败落，吝啬也能使家业败落。因奢侈而败家，还符合一般常情；而因吝啬败家，一定是因吝啬而遭受意外之祸了。愚笨足以败坏事情，而过于精明也会败坏事情。愚笨之人坏事，还常是小的过失；而因精明坏事，往往会出现大的祸患。

第 60 则

【注释】

①尘市：原指城镇，城市，这里泛指市场上的商务活动。

②干与：参与。词讼：指官府的诉讼事务。

【原文】

种田人，改习尘市生涯①，定为败路；读书人，干与衙门词讼②，便入下流。

【译文】

种田的人，改做生意，定会遭到失败；读书的人，参与包打官司，品格便日趋低下。

第 61 则

【注释】

①境界：境遇，境况。

②德业：品德和事业。

【原文】

常思某人境界不及我①，某人命运不及我，则可以自足也；常思某人德业胜于我②，某人学问胜于我，则可以自惭矣。

【译文】

常想到有些人的处境不如自己，有些人的命运也不如自己，就感觉到自己很知足了；常想到某人的品德比自己高尚，某人的学问也比自己丰富，心里也就有种惭愧的感觉。

第 62 则

【原文】

读《论语》公子荆一章，富者可以为法①；读《论语》齐景公一章，贫者可以自兴②。舍不得钱，不能为义士③；舍不得命，不能为忠臣。

【注释】

①法：模式，标准。

②自兴：自我振兴。

③义士：指有节操的人。

【译文】

读《论语·子路篇》公子荆那章，可以让富有的人效法；读《论语·季氏篇》齐景公那章，可以让贫穷的人奋起。如果舍不得金钱，就不可能成为义士；如果舍不得性命，就不可能成为忠臣。

第 63 则

【原文】

富贵易生祸端，必忠厚谦恭，才无大患①；衣禄原有定数②，必节俭简省，乃可久延③。

【注释】

①大患：大祸害。

②衣禄：福禄。

③久延：长久之意。

【译文】

富贵容易招来祸患，一定要忠诚厚道、谦逊恭敬地待人，才会避免祸患；衣食福禄本来都有定数，所以一定要俭朴节省，才能使福禄长久持续。

第 64 则

【注释】

①圣域：形容圣人的境界。贤关：原指进入仕途之门径，这里指达到贤德之人的品德境界。

【原文】

作善降祥，不善降殃，可见尘世之间已分天堂地狱；人同此心，心同此理，可见庸愚之辈不隔圣域贤关①。

【译文】

做好事就能得到好报，做恶事就会遭到恶报，由此可知，人间已有天堂与地狱之分了。人心是相同的，道理也是相同的，由此可知，愚昧平庸的人并没有被拒之于圣贤境界之外。

第 65 则

【注释】

①矫俗：过分纠正风俗。

②设机：设置计谋，设置机关。

【原文】

和平处事，勿矫俗以为高①；正直居心，勿设机以为智②。

【译文】

为人处事要做到心平气和，不能违背习俗，自视清高；平日居心要公平正直，不要玩弄手段，自作聪明。

第 66 则

【原文】

君子以名教为乐①，岂如嵇阮之逾闲②；圣人以悲悯为心，不取沮溺之忘世。

【译文】

真正的人应以研习圣贤之教为乐，怎能像嵇康、阮籍那样，不守规范，放浪形骸呢？圣贤人应抱有悲天悯人的胸怀，关心民生疾苦，怎能像长沮、桀溺那样，消极避世，逃避红尘呢？

【注释】

①名教：指以正名定分为中心的封建礼教，又为儒教的别称。

②逾闲：指逾越轨范，失于检点。

第 67 则

【原文】

纵子孙偷安①，其后必至耽酒色而败门庭②；教子孙谋利，其后必至争赀财而伤骨肉③。

【译文】

纵容子孙贪图眼前的安乐，那么子孙以后定会沉迷于酒色而败坏门风；只教子孙如何谋取钱财，那么子孙以后定会因争夺财产而骨肉相残。

【注释】

①偷安：不顾将来，只求眼前安全。

②耽：沉湎于。

③赀：通"资"，财货。

骨肉：比喻至亲。

第 68 则

谨守父兄教诲，沉实谦恭，便是醇潜子弟①；不改祖宗成法②，忠厚勤俭，定为悠久人家。

【译文】

谨慎遵守父兄的教导，沉稳诚实、谦虚恭敬，便是忠厚子孙；不擅改祖宗传下的处世方法，忠诚厚道、勤奋俭朴，便能使家道长久不衰。

【注释】

①醇（chún）潜：淳厚而深沉。

②祖宗成法：祖宗所遗留下来的教训及做事的方法。

第 69 则

【原文】

莲朝开而暮合，至不能合，则将落矣；富贵而无收敛意者①，尚其鉴之②。草春荣而冬枯，至于极枯，则又生矣；困穷而有振兴志者，亦如是也。

【译文】

莲花早晨开放而傍晚闭合，到了不能闭合时，那说明快要凋零了；富贵而不知收敛的人，最好能以此为鉴。草木春天繁盛而冬天枯萎，等到枯萎极处时，那证明又到发芽的时候了；身处困境中而能奋起的人，也应该以此为激励。

【注释】

①收敛：约束身心。

②尚其鉴之：希望以之为借鉴。

第 70 则

【原文】

伐字从戈①，矜字从矛，自伐自矜者②，可为大戒；仁字从人，义字从我，讲仁讲义者，不必远求。

【译文】

伐字右边是"戈"，矜字左边是"矛"，戈、矛都是兵器，有杀伤之意，所以自夸自大的人要引以为戒；仁字旁边是"人"，义（繁体）字下面是"我"，所以讲求仁义并不遥远，从自身做起就可以了。

【注释】

①伐：夸耀自己的功劳、才能。

②自矜：自我夸耀。

第 71 则

【原文】

家纵贫寒①，也须留读书种子②；人虽富贵，不可忘稼穑艰辛③。

【译文】

即使家境贫寒，也应该让子孙读书；就算生活富裕，也不可忘记耕种收获的艰辛。

【注释】

①纵：即使。

②读书种子：比喻累代读书之人，如种子相传，衍生不息。

③稼穑（sè）：种谷为稼，收获为穑。泛指农业劳动。

第 72 则

【注释】

①茅舍竹篱：指简陋的房舍田园。

②饶：富有。清趣：清雅的情趣。

③化机：造化的生机。

【原文】

　　俭可养廉，觉茅舍竹篱①，自饶清趣②；静能生悟，即鸟啼花落，都是化机③。一生快活皆庸福，万种艰辛出伟人。

【译文】

　　勤俭可以培养一个人廉洁的品性，即使住在茅屋竹棚之中，也有它清幽的乐趣；安静的环境可以使人领悟世间的道理，即使飞鸟啼鸣、花开花落，也都是造化的生机。一生快快乐乐只是平凡的部分，历经千辛万苦才能成就一个伟大的人。

第 73 则

【注释】

①济世：救助和接济别人。

②存心方便：心里处处想着便利别人。

③生资：天资，天赋。

【原文】

　　济世虽乏资财①，而存心方便②，即称长者；生资虽少智慧③，而虑事精详，即是能人。

【译文】

　　虽然没有足够的钱财去帮助他人，但只要处处给人方便，就是一位有德的长者；虽然天资不够聪明，但只要考虑事情周到细致，就能成为能力很强的人。

第 74 则

【原文】

一室闲居，必常怀振卓心①，才有生气；同人聚处，须多说切直话②，方见古风。

【注释】

①振卓：振作奋发。

②切直：极尽正直，极尽恳切。

【译文】

悠闲独处之时，一定要有振作奋进的心志，才会有蓬勃向上的生机；与人相处时，一定要多说恳切正直的话，这才是古人处世的风范。

第 75 则

【原文】

观周公之不骄不吝①，有才何可自矜；观颜子之若无若虚②，为学岂容自足。门户之衰，总由于子孙之骄惰③；风俗之坏，多起于富贵之奢淫。

【注释】

①不骄不吝：不骄狂，不鄙吝。

②颜子：孔子的弟子。名回，字子渊。春秋鲁国人。若无若虚：即虚怀若谷之意，有才能不显示，有德行不炫耀。

③骄惰：骄傲而懒惰。

【译文】

周公不因为自己的才德过人而对人有骄傲和鄙吝之意，所以有才能的人怎么能骄傲自大呢？孔子的弟子颜渊永保虚怀若谷的境界，不断虚心学习，所以说追求学问又怎能自我满足呢？一个家庭的败落，多是由于子孙的骄傲与懒惰；一个社会风气的败坏，多是由于人们过度的奢侈与浮华。

第 76 则

【注释】

①钟：聚集，汇集。

②裁成：裁剪，修成。

【原文】

　　孝子忠臣，是天地正气所钟①，鬼神亦为之呵护；圣经贤传，乃古今命脉所系，人物悉赖以裁成②。

【译文】

　　孝子与忠臣，都是天地间浩然正气培植而成的，所以连鬼神也呵护关爱他们；圣贤的典籍，都是从古至今维系社会的命脉，各种伟人都是在这些经典的指导下成长起来的。

第 77 则

【注释】

①共羡：共同艳羡。

②气昏志惰：意志昏沉，心志怠惰。

③神紧骨坚：精神抖擞，性格坚强。

【原文】

　　饱暖人所共羡①。然使享一生饱暖，而气昏志惰②，岂足有为？饥寒人所不甘。然必带几分饥寒，则神紧骨坚③，乃能任事。

【译文】

　　人人都美慕吃得饱、穿得暖的生活，可是一生都生活在温饱中，而精神却松懈懒惰，这样能有什么作为呢？人们都不愿过饥饿与寒冷的生活，然而饥寒却能使人抖擞精神、强健骨气，从而承担重任。

第 78 则

【原文】

愁烦中具潇洒襟怀①，满抱皆春风和气；暗昧处见光明世界②，此心即白日青天。

【译文】

在忧愁与苦闷中能具备潇洒大度的胸怀与气质，心情才会如徐徐春风般一团和气；在昏暗不明的环境里要有开朗博大的胸怀，心境才会像阳光普照般明亮。

【注释】

①襟怀：怀抱。

②暗昧：昏暗，真伪不明。

第 79 则

【原文】

势利人装腔作调①，都只在体面上铺张②，可知其百为皆假；虚浮人指东画西③，全不问身心内打算，定卜其一事无成。

【译文】

势利的人喜欢装腔作势，只知道表面铺张，由此可以看透他所作所为都是虚假。不切实际的人词不达意，东拉西扯，而内心没有明确的目标，从而预料这些人什么事都做不成。

【注释】

①装腔作调：故作姿态；矫揉造作。

②体面上：表面上。

③虚浮：不切实。

第 80 则

【注释】

①不忮（zhì）不求：指不嫉恨不贪求。忮，嫉恨。

②勿忘勿助：意即修养正气既不要忘记逐渐聚积起的道义力量，也不能急于求成、揠苗助长。

【原文】

不忮不求①，可想见光明境界；勿忘勿助②，是形容涵养功夫。

【译文】

不嫉妒别人、不求名利，可以看出一个人心境的光明；不忘记要做的事情，不拔苗助长地帮助别人，是形容一个人的涵养功夫。

第 81 则

【注释】

①数：旧指气数、运数，即命运。

②理：道理，法则。

③常：恒久不变的规律。

【原文】

数虽有定①，而君子但求其理②。理既得，数亦难违；变固宜防，而君子但守其常③。常无失，变亦能御。

【译文】

运数虽有限定，但君子之求所做之事合理。如与事理相符，运数便不会违背理数。凡事虽然应该防止意外，但君子只坚守常道。常道不失，那么再多的变化都能应对。

第 82 则

【原文】

　　和为祥气，骄为衰气，相人者不难以一望而知①；善是吉星，恶是凶星，推命者岂必因五行而定②？

【译文】

　　平和是一种祥瑞之气，骄傲是一种衰败之气，所以观相的人很容易就看出来；善良是吉星，恶毒是凶星，所以算命的人不用阴阳五行就可以推算出吉凶。

【注释】

①相人者：给人看相测算命运的人，在中国古代很盛行。

②五行：金、木、水、火、土。

第 83 则

【原文】

　　人生不可安闲，有恒业①，才足收放心②；日用必须简省，杜奢端，即以昭俭德③。

【译文】

　　人生在世不能只知安逸闲淡，有了长远的事业，才能收住放任的本心；平常花费必须节俭，杜绝奢侈浪费的习性，就能体现勤俭的美德。

【注释】

①恒业：长久经营的产业。

②收放心：收回放任的心思和念头。

③昭：显示，显扬。

第 84 则

【注释】

①秤心斗胆：比喻一个
人心志坚定，胆识远
大。

②铁面铜头：比喻一
个人公正无私，不畏
权势。

【原文】

　　成大事功，全仗着秤心斗胆①；有真气节，才算得铁面铜头②。

【译文】

　　能成就大事者，完全是凭着坚定的信念和卓越的胆识；真正有气节的人，才能够做到铁面无私，不畏强权。

第 85 则

【注释】

①远怨：远离怨恨。
②由：原因。

【原文】

　　但责己，不责人，此远怨之道也①；但信己，不信人，此取败之由也②。

【译文】

　　只责备自己，不责备他人，是远离怨恨的处事方法；只相信自己，不相信别人，是导致失败的主要原因。

第 86 则

【原文】

无执滞心①，才是通方士；有做作气，便非本色人②。

【注释】

①执滞：固执，偏执。

②本色人：本来面目的人。

【译文】

没有固执滞碍之心，才是通达事理的人；有矫揉造作之气，便无法做到朴实无华。

第 87 则

【原文】

耳目口鼻，皆无知识之辈，全靠者心做主人①；身体发肤，总有毁坏之时，要留个名称后世②。

【注释】

①者心：这心。

②名：名声，名誉。

【译文】

眼耳鼻口都是没有思想的器官，它们全由我们的内心来指挥；身体肌肤随着人死后都会腐朽，但我们却可以留个好名声让后世称道。

第 88 则

【注释】

①学力：学习的力度。

②气质：风骨，风格。

③形迹：行动迹象。

【原文】

　　有生资，不加学力①，气质究难化也②；慎大德，不矜细行，形迹终可疑也③。

【译文】

　　天资虽好，但后天不努力学习，其性格情操还是难有改进；在大的德行上细心留意，但忽略了小节方面，其言行终究不能让人心悦诚服。

第 89 则

【注释】

①颠：倾跌。仆：敲打。

②末俗：末世的衰败习俗。

③弥：更。

【原文】

　　世风之狡诈多端，到底忠厚人颠扑不破①；末俗以繁华相尚②，终觉冷淡处趣味弥长③。

【译文】

　　人世存在许多狡诈的行为，但忠厚老实的人，总会受人尊重，立于不败之地；近世的习俗虽然越来越奢侈浮华，但处在清静平淡中的日子还是值得人回味的。

第 90 则

【原文】

　　能结交直道朋友①，其人必有令名；肯亲近耆德老成②，其家必多善事。

【注释】

①直道：正直而有道义。

②耆（qí）德老成：德高望重的老年人。

【译文】

　　能结交光明正大的朋友，这样的人必定有好的名声；肯亲近德高望重的长者，这样的家庭必然常做善事。

第 91 则

【原文】

　　为乡邻解纷争，使得和好如初，即化人之事也①；为世俗谈因果，使知报应不爽②，亦劝善之方也。

【注释】

①化：感化，化育。

②不爽：不会有差失。爽，差失，差错。

【译文】

　　替乡邻们解决纷争，使他们如当初一样友好相处，这也是感化他人的善事；向世人宣说因果报应，使他们知道善恶到头终有报的道理，这也是一种行善的方法。

第 92 则

【注释】

①阴德：旧指暗中做的
有德于人的事和行为。

【原文】

发达虽命定，亦由肯做功夫；福寿虽天生，还是多积阴德①。

【译文】

一个人的飞黄腾达，虽然有外在注定的条件，但还是由他个人努力所决定的；一个人的福分寿命，并非一生下来便有定数，而是需要他多做善事积下阴德。

第 93 则

【注释】

①百行：一切行为。
②首：开始。

【原文】

常存仁孝心，则天下凡不可为者皆不忍为，所以孝居百行之先①；一起邪淫念，则生平极不欲为者皆不难为，所以淫是万恶之首②。

【译文】

心中存有仁爱孝敬之心，那么天下任何不正当的行为，都不会忍心去做，所以说孝是一切行为中首先应当做到的；心中一旦存有淫恶的念头，那么平常不愿做的事，也很容易做出来，所以说淫是一切罪恶行径的开始。

第 94 则

【原文】

自奉必减几分方好①，处事能退一步为高。

【注释】

①自奉：对待自己。

【译文】

对待自己，减少几分安逸的享受，是明智的做法；为人处世，能够退一步着想，便是高明的行为。

第 95 则

【原文】

守分安贫，何等清闲，而好事者偏自寻烦恼；持盈保泰①，总须忍让，而恃强者乃自取灭亡。

【注释】

①持盈保泰：当处于事业极盛之时，要谦逊谨慎以保平安，免生祸患。

【译文】

能持守本分又安贫乐道，这是多么清闲自在的境界呀，而好生事端的人却偏偏自寻烦恼；在事业昌盛时要保持平和安静的心态，注意忍让，如果恃强凌弱，就等于自取灭亡。

第 96 则

【原文】

人生境遇无常①，须自谋吃饭之本领；人生光阴易逝，要早定成器之日期。

【译文】

人生的环境与遭遇是难以预料的，自己必须拥有一技之长来养活自己；人生的光阴容易流逝，所以要给自己定下成就事业的期限。

第 97 则

【原文】

川学海而至海①，故谋道者不可有止心②；莠非苗而似苗，故穷理者不可无真见③。

【译文】

河川学习大海的兼容并包，最终能汇流入海，所以讲求学问的人不应该停滞不前；野草不是禾苗却长得极像禾苗，所以探究事理的人不能不辨真伪，而被表象所惑。

第 98 则

【原文】

守身必谨严，凡足以戕吾身者宜戒之①；养心须淡泊，凡足以累吾心者勿为也。

【注释】

①戕（qiāng）：残害，残杀。

【译文】

保持节操必须谨慎严格，凡是能够损害自己操守的行为，都该戒掉；要以淡泊宁静的境界涵养自己的心胸，凡是那些拖累我们身心的事都不要去做。

第 99 则

【原文】

人之足传①，在有德，不在有位；世所相信，在能行，不在能言。

【注释】

①足传：值得让人说、称赞。

【译文】

一个值得称道的人，在于他有高尚的德行，而不在于有多高的地位；世人所相信的人，主要看的是他行动的好坏，而不是看他是否能说会道。

第 100 则

【注释】

①誉言：赞扬，好评。

②产业：田产，家业。

【原文】

与其使乡党有誉言①，不如令乡党无怨言；与其为子孙谋产业②，不如教子孙习恒业。

【译文】

与其刻意追求乡邻们的赞扬，不如谨守自己的德行，让乡邻们毫无怨言；与其替子孙谋求财富产业，不如让他们学习谋生的本事。

第 101 则

【注释】

①先正：本指先代之臣，后多用于指前代的贤人。

②规箴（zhēn）：劝勉告诫。

【原文】

多记先正格言①，胸中方有主宰；闲看他人行事，眼前即是规箴②。

【译文】

多多记取圣贤之士所立的警世格言，胸中才会有正确的主见；旁观他人做事的得失，便可作为自己做事的借鉴。

第 102 则

【原文】

陶侃运甓官斋①，其精勤可企而及也；谢安围棋别墅，其镇定非学而能也。

【译文】

晋代的名臣陶侃，闲暇之时在官署中运砖修习勤劳，这种精勤的态度是我们能够做到的。晋代的名将谢安，面临大敌，依然能够在别墅从容不迫地下棋，这种镇定的功夫，就不是我们能学得来的。

【注释】

①甓（pì）：砖。

第 103 则

【原文】

但患我不肯济人①，休患我不能济人；须使人不忍欺我②，勿使人不敢欺我。

【译文】

只怕自己不肯帮助他人，不怕自己没有能力帮助人；应该使他人不忍心欺负我，而不使他人畏惧而不敢欺负我。

【注释】

①患：怕，担心。

②须：应该，应当。欺：欺负。

第 104 则

【注释】

①创家：创立家庭。

【原文】

何谓享福之人，能读书者便是；何谓创家之人^①，能教子者便是。

【译文】

什么叫做享福的人？能够读书并能从读书中得到快乐的人就是；什么叫做善于创立家业的人？能够善于教导子孙的人便是。

第 105 则

【注释】

①漓（lí）：浅薄，浇薄。
②自肆：自我放纵。

【原文】

子弟天性未漓^①，教易行也。则体孔子之言以劳之，勿溺爱以长其自肆之心^②。子弟习气已坏，难教行也。则守孟子之言以养之，勿轻弃以绝其自新之路。

【译文】

当子弟的天性还没有受到污染之时，教导比较容易，应该按照孔子所说的"爱之能勿劳乎"去教导他，不要过分宠爱，以免助长其放纵之心。当子弟已养成了坏的习气，教导就很困难了，此时应以孟子的话（"中也养不中，才也养不才"）来教导他，而不要轻易抛弃，以免失去改过自新的机会。

第 106 则

【原文】

　　忠实而无才，尚可立功，心志专一也；忠实而无识，必至偾事①，意见多偏也②。

【注释】

①偾（fèn）事：败事。偾，倒覆，僵仆。

②偏：偏执。

【译文】

　　如果一个人忠厚诚实，但才能一般的话，仍有可能建立功业，因为只要用心专一就可以了；如果一个人忠厚诚实但缺少胆量，必然会产生偏见，将事情办糟。

第 107 则

【原文】

　　人虽无艰难之时，却不可忘艰难之境；世虽有侥幸之事①，断不可存侥幸之心。

【注释】

①侥幸：意外获得。

【译文】

　　人即使处在顺境之中，也不能够忘记人生之路上还有许多逆境存在；世上虽然有许多意外的惊喜之事，但做事却不可抱有侥幸的心理。

第 108 则

【注释】

①品超斯远：品行高尚才能使心志高远。斯，乃，就。

②碍：阻碍，妨碍。

【原文】

　　心静则明，水止乃能照物；品超斯远①，云飞而不碍空②。

【译文】

　　内心清净就自然明澈，如同平静的水面能倒映事物一样；品格高超便能远离物欲，就像浮动飘逸的白云在天空中任意游走。

第 109 则

【注释】

①丰年：米谷收成丰盛的年头。

【原文】

　　清贫乃读书人顺境；节俭即种田人丰年①。

【译文】

　　对于读书人来说，清贫的生活便是顺利的境遇；对于种田人来说，节俭的日子就是丰收的年景。

第 110 则

【原文】

　　正而过则迂①，直而过则拙，故迂拙之人犹不失为正直；高或入于虚，华或入于浮②，而虚浮之士究难指为高华。

【注释】

①迂：迂腐，不通世故。

②浮：轻浮，浮躁。

【译文】

　　为人过于刚正就会显得不通世故，过于直率就会显得有些笨拙，但都不失为正直之人；理想太高有时会成为空想，过于华美有时会变得浮躁，故此类人难有高明的才华。

第 111 则

【原文】

　　人知佛老为异端①，不知凡背乎经常者②，皆异端也；人知杨墨为邪说，不知凡涉于虚诞者，皆邪说也。

【注释】

①佛老：指佛教和老子的学说。

②背：违背，背离。经常：这里指常理。

【译文】

　　人认为佛教和老子的学说为异端，但不知凡是与常理不合者都是异端；人认为杨朱和翟墨的学说是旁门左道，却不知凡荒唐虚妄的言论都是邪说。

第 112 则

【注释】

①图功未晚：谋求功业什么时候也不算晚。图，谋求

②浮慕：凭空羡慕，不去努力。

【原文】

图功未晚①，亡羊尚可补牢；浮慕无成②，羡鱼何如结网。

【译文】

想要有所作为，任何时候都不算晚，就算羊跑掉了，只要及时补牢还不算迟；与其临渊羡鱼，一无所得，不如尽快退而结网。

第 113 则

【注释】

①道：道理，真理。

②心：指欲望。

【原文】

道本足于身①，以实求来，则常若不足矣；境难足于心②，尽行放下，则未有不足矣。

【译文】

真理原本就存在于我们的本性之中，如果脚踏实地去追求，就常常感到不足；外在的事物很难满足我们的欲望，如果能全然放下，也就不会觉得缺乏了。

第 114 则

【注释】

①显荣：显达荣耀。

【原文】

读书不下苦功，妄想显荣①，岂有此理？为人全无好处，欲邀福庆，从何得来？

【译文】

读书不下苦工夫，却想着荣华富贵，天下哪有这样的道理？对人没有一点儿好处，却妄想得到福分与吉庆，那又从何而来呢？

第 115 则

【注释】

①决意：毫不犹豫。

改图：改变方向，变更计划。

②忌：顾忌。

【原文】

才觉己有不是，便决意改图①，此立志为君子也；明知人议其非，偏肆行无忌②，此甘心做小人也。

【译文】

刚觉察到自己有不对的地方，便毫不犹豫地去改正，这就是立志成为一个正人君子的做法；明知有人议论自己的缺点，却仍是一意孤行地为所欲为，这便是自甘堕落的小人。

第 116 则

【注释】

①淡中交：平淡地交往。

【原文】

淡中交耐久①，静里寿延长。

【译文】

在平淡中结交的朋友往往能够使友谊天长地久；在平静中生活却能使寿命延长。

第 117 则

【注释】

①衅：纷争，纠纷。

【原文】

凡遇事物突来，必熟思审处，恐贻后悔；不幸家庭衅起①，须忍让曲全，勿失旧欢。

【译文】

遇到突来的事情，一定要周全详尽地思考，以免处理不当而后悔；如果家人中有了纠纷，一定要以忍让之心委曲求全，从而不会失去曾经的和睦与快乐。

第 118 则

【原文】

聪明勿使外散，古人有纩以塞耳①，旒以蔽目者矣②；耕读何妨兼营，古人有出而负耒③，入而横经者矣。

【译文】

聪明的人不要过于外露，古代就有用丝棉塞耳、帽带遮眼，以掩饰聪明的举动；耕田读书可以兼顾，古人曾有白日农耕、日暮读书的行为。

【注释】

①纩（kuàng）：絮衣服的新丝绵。

②旒（liú）：古代冕冠前后悬坠的玉串。

③负耒（lěi）：用肩扛着农具。

第 119 则

【原文】

身不饥寒，天未曾负我；学无长进①，我何以对天。

【译文】

自身没有受过饥饿寒冷之苦，就是上天没有亏待我；学问没有长进，我有何颜面来对天？

【注释】

①长进：增长进步。

第 120 则

【注释】

①知能：智慧和才能。

知，通“智”。

【原文】

不与人争得失，唯求己有知能①。

【译文】

不与他人去争名利上的得失，只求自己能够不断增长智慧与才干。

第 121 则

【注释】

①矩度：规矩法度。

②权变：机变，随机应变。

③依样之葫芦：比喻模仿别人，毫无创见。

【原文】

为人循矩度①，而不见精神，则登场之傀儡也；做事守章程，而不知权变②，则依样之葫芦也③。

【译文】

为人只知依着规矩机械做事，则不知精神的实质所在，那就和戏台上受人控制的傀儡一样；如果做事只知按章程办事，而不会灵活把握的话，那就与依着葫芦画瓢相似了。

第 122 则

【原文】

文章是山水化境①，富贵乃烟云幻形②。

【译文】

文章达到出神入化的境界就如山水的美妙景致；富贵的实质就如同缥缈的烟云般虚幻不实。

第 123 则

【原文】

郭林宗为人伦之鉴①，多在细微处留心；王彦方化乡里之风，是从德义中立脚。

【译文】

郭林宗审察伦常之理，往往在细微处留意自己的言行；王彦方教化乡里的风气，是以道德和正义为根本的。

第 124 则

【注释】

①憨人：愚笨的人。

【原文】

天下无憨人①，岂可妄行欺诈；世人皆苦人，何能独享安闲。

【译文】

天下没有真正愚笨的人，哪能任意去做欺侮诈骗他人的事呢？世上的人都在吃苦，怎么能独自去享受安逸闲适的生活呢？

第 125 则

【注释】

①懦弱：胆怯怕事。

【原文】

甘受人欺，定非懦弱①；自谓予智，终是糊涂。

【译文】

甘愿受人欺侮的人，一定不是懦弱之辈；自以为聪明者，终究是个糊涂人。

第 126 则

【原文】

漫夸富贵显荣^①，功德文章要可传诸后世；任教声名煊赫^②，人品心术不能瞒过史官。

【译文】

不能只知夸耀财富与地位，也应该有流传于后世的功业与文章；不管声名如何盛大显赫，个人的品行与为人也无法欺骗史官的眼睛。

【注释】

①漫夸：胡乱夸耀。漫，随意，不受拘束。

②煊（xuān）赫：形容权势显赫或名声很大。

第 127 则

【原文】

神传于目，而目则有胞^①，闭之可以养神也；祸出于口，而口则有唇，阖之可以防祸也^②。

【译文】

人的精神往往由眼睛传出，而眼睛则有上下眼皮，闭合之后才可以养精蓄锐；祸从口出，嘴巴则有上下嘴唇，闭起来才可以防止说话招惹的祸端。

【注释】

①胞：指上下眼皮。

②阖（hé）：关闭。

第 128 则

【原文】

富家惯习骄奢①，最难教子；寒士欲谋生活②，还是读书。

【译文】

有钱人家习惯于奢侈浮华，教导子弟比较困难；贫穷人家想要谋得生路，还是要靠读书。

第 129 则

【原文】

人犯一苟字①，便不能振；人犯一俗字，便不可医。

【译文】

一个人犯了随意的毛病，就不能振作起来；一个人要是趋于庸俗，便无药可救了。

第 130 则

【原文】

有不可及之志^①，必有不可及之功^②；有不忍言之心^③，必有不忍言之祸。

【注释】

①志：志向。

②功：功业，事业。

③不忍言：发现错误而不忍去指责。

【译文】

一个人要是有他人不能达到的志向，定会建立不同凡响的功业；一个人若有不忍心指出他人错误的想法，定会因这不忍心指正而遭受祸患。

第 131 则

【原文】

事当难处之时，只让退一步，便容易处矣^①；功到将成之候，若放松一着^②，便不能成矣。

【注释】

①处：处理。

②放松：马虎，不慎。

【译文】

事情遇到了难处，只要能退一步想，便不难处理；事业将到成功时刻，如果一着不慎，便会以失败告终。

第 132 则

【原文】

无财非贫，无学乃为贫；无位非贱，无耻乃为贱；无年非夭，无述乃为夭①；无子非孤②，无德乃为孤。

【译文】

没有钱财不算贫穷，没有学问才是真正的贫穷；没有地位不算卑贱，没有羞耻之心才是真正的卑贱；活不长久不算短命，一生没有值得称道的事才算真正的短命；没有子女不能说是孤独，没有德行才是真正的孤独。

第 133 则

【原文】

知过能改，便是圣人之徒；恶恶太严①，终为君子之病。

【译文】

知道过错能加以改正，便可说是圣人的弟子；攻击恶人太过严厉，终会成为君子的过失。

第 134 则

【原文】

士必以诗书为性命①，人须从孝悌立根基②。

【译文】

读书人应把诗书看做立身处世的根本，做人必须以孝顺友爱作为基础。

【注释】

①性命：人的生命的统称，这里指安身立命的根本。

②根基：基础。

第 135 则

【原文】

德泽太薄①，家有好事，未必是好事。得意者何可自矜②；天道最公，人能苦心，断不负苦心。为善者须当自信。

【译文】

如果品德和恩泽太浅薄，家中有好事降临，也未必是真正的幸运。所以春风得意的人，不可自高自大；天道是最公平的，人能尽心尽力做事，苦心就不会白费。所以做善事的人，要充满自信。

【注释】

①德泽：德化和恩惠。

②自矜：自我夸耀。

第 136 则

【注释】

①振兴：振作兴起。

【原文】

把自己太看高了，便不能长进；把自己太看低了，便不能振兴①。

【译文】

若将自己估计得太高，便无法取得进步；若将自己估计得太低，便失去了振作的勇气。

第 137 则

【注释】

①轻：轻率。

②晓：明白。

【原文】

古之有为之士，皆不轻为之士①；乡党好事之人，必非晓事之人②。

【译文】

自古以来有作为的人，都不会轻率地行事；乡里中的好事之徒，定是些不明事理的人。

第 138 则

【原文】

偶缘为善受累，遂无意为善，是因噎废食也；明识有过当规，却讳言有过，是讳疾忌医也①。

【译文】

偶尔因做好事而受到连累，就再不做好事了，这好比曾经食物鲠喉，从此不再进食一样；明知有了过错应当纠正，却不想承认，就如同生病怕人知道，而不肯医治相似。

【注释】

①讳疾忌医：本作"护疾忌医"，隐瞒病情，不愿医治。比喻护短以避人规劝，有过失而不愿别人知晓。

第 139 则

【原文】

宾入幕中①，皆沥胆披肝之士②；客登座上，无焦头烂额之人。

【译文】

凡是值得自己信任而入府中相商的人，定是能够竭尽忠诚的人；凡是能够作为宾客引为上座的人，定不是品行有缺失的人。

【注释】

①宾入幕中：本指旧时进入幕府参与议事的人，后比喻极其亲近并可以信任的人。

②沥胆披肝：亦作"披肝沥胆"。比喻对人忠心耿耿，竭诚尽忠。

第 140 则

【原文】

地无余利，人无余力，是种田两句要言①；心不外弛，气不外浮，是读书两句真诀②。

【译文】

地要竭尽其用，人要竭尽其力，这是种田人要记住的两句很重要的话；心决不能外务，气决不能外散，这是读书人要切记的两个要诀。

第 141 则

【注释】

①暴殄（tiǎn）天物：残害天生万物。殄，灭绝。

【原文】

成就人才，即是栽培子弟；暴殄天物①，自应折磨儿孙。

【译文】

所谓成就人才，就是将子弟培养成人；如果浪费财物，自然会使儿孙受苦受难。

第 142 则

【原文】

　　和气迎人，平情应物^①；抗心希古，藏器待时^②。

【译文】

　　以心平气和的态度与人交往，以平常心去应对事情；以古人的高尚心志相期许，守住自己的才能以等待时机。

【注释】

①平情应物：以平常之心对待事物。

②器：本指用具、器物。引申为才能、本领。

第 143 则

【原文】

　　矮板凳，且坐着^①；好光阴，莫错过。

【译文】

　　要有耐心坐在小小的板凳上，切莫错过这大好的时光。

【注释】

①矮板凳，且坐着：形容读书和做学问要能坐得住，耐得住寂寞。

第 144 则

【原文】

　　天地生人，都有一个良心。苟丧此良心^①，则其去禽兽不远矣^②；

【注释】

①苟：如果，假如。

②去：相距，离开。

③荆棘：困难的境地。

圣贤教人，总是一条正路。若舍此正路，则常行荆棘之中矣③。

【译文】

人生活在天地之间，都要有一颗良心。如果丧失了这颗良心，那就离禽兽不远了；圣贤教导人们，总是劝人走一条光明大道。如果离开了这条正道，那就如同行走在荆棘之中。

第 145 则

【注释】

①务本业：指专心从事自己的职业或专业。

②廊庙：朝廷。

【原文】

世上言乐者，但曰读书乐，田家乐。可知务本业者①，其境常安；古之言忧者，必曰天下忧，廊庙忧②。可知当大任者，其心良苦。

【译文】

世人说起快乐的事，便说读书有乐趣，种田有乐趣。可见专心从事本行业的人，常常怀着快乐的心境；古代的人谈起忧愁的事，总是说起为天下百姓担忧，为朝廷政事担忧，由此可知身负重任的人，总是用心良苦。

第 146 则

【注释】

①好生：即上天乐见万物之生，而不乐见万物之死。

【原文】

天虽好生①，亦难救求死之人；人能造福，即可邀悔祸之天②。

【译文】

上天虽希望万物充满生机，却也无法救那一心想死的人；人如能够创造幸福，就可以避免灾祸，好像得到上天的赦免一样。

②悔祸：不愿再有祸乱。

第 147 则

【注释】

【原文】

薄族者^①，必无好儿孙；薄师者^②，必无佳子弟。君所见亦多矣；恃力者，忽逢真敌手；恃势者，忽逢大对头。人所料不及也。

①薄族：刻薄地对待族人。

②薄师：刻薄地对待师长。

【译文】

对亲族之人冷淡者，必定没有好后代；不尊敬师长的人，必定没有好子弟。这样的情形见得多了；依靠气力的人，必会遇上真正的对手；依靠权势作恶的人，必会遇到势力更大的对头。这都是人们所始料不及的。

第 148 则

【注释】

【原文】

为学不外"静""敬"二字，教人先去"骄""惰"二字^①。

①教人：教导他人。

【译文】

　　做学问不外乎在"静"和"敬"两个字上下工夫；教导他人应先去"骄"和"惰"两个毛病。

第 149 则

【注释】

①无惭：没有愧疚之处。

【原文】

　　人得一知己，须对知己而无惭①；士既多读书，必求读书而有用。

【译文】

　　人生能够得到一位知己，一定要对得住知己而不惭愧；士人既然多读诗书，就一定要做到读书以致用。

第 150 则

【注释】

①直道：正直的道理。

②自反无愧：自我反省起来也问心无愧。

③曲以求容：曲意迁就以博得别人的高兴。

【原文】

　　以直道教人①，人即不从，而自反无愧②。切勿曲以求容也③；以诚心待人，人或不谅，而历久自明。不必急于求白也。

【译文】

以正直的道理去教导人，即使他人不听从，而自我反省时也会问心无愧。因此不应该改变心志去求得他人理解；以诚恳的心意去对待人，即使他人不肯接受，但时间久了自会明白，没有必要去急着向人表白自己。

第 151 则

【原文】

粗粝能甘①，必是有为之士；纷华不染②，方称杰出之人。

【译文】

能甘于粗衣劣食，必定是有所作为的人；能不受声色荣华引诱的人，才能称之为杰出的人。

【注释】

①粗粝：粗粮。这里形容艰苦的生活。

②纷华：繁华盛丽。

第 152 则

【原文】

性情执拗之人①，不可与谋事也；机趣流通之士②，始可与言文也。

【译文】

性情固执偏激的人，是无法与之谋事的；天性充满情趣而又活泼的人，才可以与他谈文论艺。

【注释】

①执拗：固执乖戾。

②机趣流通：天性趣味活泼无碍。

第 153 则

【注释】

①心心相印：心意相通。

【原文】

不必于世事件件皆能，唯求与古人心心相印①。

【译文】

没必要对世上的每件事都知道得很清楚，只要对古人的心意心领神会（就够了）。

第 154 则

【注释】

①夙夜：早晚，朝夕。

②衾（qīn）：被子。

③桑榆：比喻日暮，也用来比喻先负后胜。这里比喻晚年。

【原文】

夙夜所为①，得毋抱惭于衾影②；光阴已逝，尚期收效于桑榆③。

【译文】

每天早晚的所作所为，一定要无愧于心；光阴已经消逝，但晚景仍要希望能有所成就。

第 155 则

【注释】

①祖考：祖先。

【原文】

念祖考创家基①，不知栉风沐雨②，受多少辛苦，才能足食足

衣，以贻后世。为子孙计长久，除却读书耕田，恐别无生活，总期克勤克俭，毋负先人。

②栉（zhì）风沐（mù）雨：以风梳发，以雨洗头。比喻不避风雨，奔波劳苦。

【译文】

祖先创立家业，不知经历多少风雨，受过多少苦难，才能做到衣食无忧，从而把家业传给后世。若为子孙做长远打算，除了读书、耕田以外，恐怕再没有别的出路了，于是总希望保持勤俭，不要辜负了先人的辛苦。

第 156 则

【原文】

但作里中不可少之人①，便为于世有济②；必使身后有可传之事，方为此生不虚。

【注释】

①里中：乡里。

②济：接济，救助。

【译文】

成为乡里不可缺少的人，就是对于世人有所帮助；死后有可以流传的事业，一生才算没有虚度。

第 157 则

【原文】

齐家先修身①，言行不可不慎；读书在明理②，识见不可不高。

【注释】

①齐家：治理家事。修身：修养身心。

②明理：明白事理。

【译文】

　　治理家庭首先要修身养性，言行定要处处谨慎；读书在于明达事理，认识和见解不能不高深一些。

第 158 则

【注释】

①余庆：犹言余福，即泽及后人。

②厚亡：多有取亡之道。

【原文】

　　桃实之肉暴于外，不自吝惜，人得取而食之；食之而种其核，犹饶生气焉。此可见积善者有余庆也①。栗实之肉秘于内，深自防护，人乃破而食之；食之而弃其壳，绝无生理矣，此可知多藏者必厚亡也②。

【译文】

　　桃的果肉露在外面，毫不吝惜地给人食用，人们食取之后将果核种入土中，使其还能发芽生长。由此可见，多做善事的人，必定有遗泽留给后世。栗的果肉藏在壳内，好像尽力保护，人只有剖开才能食用，而后丢弃果壳，使其无法生根发芽。由此可见，吝于付出的人，往往容易自取灭亡。

第 159 则

【注释】

①求备：追求完备。

【原文】

　　求备之心①，可以用之于修身，不可用之以接物；知足之心，可以用之以处境，不可用之以读书。

【译文】

追求完美之心，可以用在自我修养上，却不可用在待人接物上；易满足的心理，可以用在适应环境上，却不可用在读书求知上。

第 160 则

【原文】

有守虽无所展布①，而其节不挠②，故与有猷有为而并重③；立言即未经起行，而于人有益，故与立功立德而并传。

【注释】

①展布：本指陈述，这里指施展、推广。

②挠：屈服。

③猷（yóu）：道义，法则。

【译文】

能操守道义即使难以推广，只要志节不屈，就和有贡献、有作为一样重要；著书立说宣扬道理，虽未以行动来证明，但是对他人有益，所以和立事、建功德同等重要。

第 161 则

【原文】

遇老成人，便肯殷殷求教①，则向善必笃也②；听切实话③，觉得津津有味，则进德可期也。

【注释】

①殷殷：恳切，依依。

②笃：真诚，纯一。

③切实话：非常实在的话。

【译文】

遇到年长有德之人，便热心地请求教导，那么向善之心必定十分诚恳；听到真切实在的话，便觉得津津有味，那么德业的长进就有望了。

第 162 则

【注释】

①涵养：修养。

②识见：见识。

【原文】

有真性情，须有真涵养①；有大识见②，乃有大文章。

【译文】

要有真实的性情，先要有真正的修养；有高明的见识，必定能写出不朽的文章。

第 163 则

【注释】

①端：方法。

②整：规范。

【原文】

为善之端无尽①，只讲一"让"字，便人人可行；立身之道何穷，只得一"敬"字，便事事皆整②。

【译文】

做善事的方法是无穷尽的，只要能做到一个"让"字，人人都可行善；立身处世的方法也很多，只要做到一个"敬"字，事事便能规范起来。

第 164 则

【原文】

自己所行之是非，尚不能知^①，安望知人^②？古人已往之得失，且不必论，但须论己。

【注释】

①尚：还，又。

②安：哪里，怎么。表示疑问。

【译文】

自己所做的是对是错，都还不知道，又怎能知道他人的对错呢？古人过去的得失暂且不要评论，重要的是先要明白自己的得失。

第 165 则

【原文】

治术必本儒术者^①，念念皆仁厚也；今人不及古人者，事事皆虚浮也^②。

【注释】

①治术：致治之术，使国家达到强盛的方法。

儒术：儒家学术的理论和方法。

②虚浮：空虚而轻浮。

【译文】

治理的方法应按照儒家的思想去做，是因为儒家的治国之道出于仁爱宽厚之心；现代的人之所以不如古人，主要就是所做之事虚浮不实在的缘故。

第 166 则

【注释】

①莫：没有，无。

②须臾：片刻。

【原文】

莫之大祸①，起于须臾之不忍②，不可不谨。

【译文】

不管多大的灾祸，都是由于一时不能忍耐导致的，所以凡事不可不谨慎。

第 167 则

【注释】

①倚赖：依靠。

【原文】

家之长幼，皆倚赖于我①，我亦尝体其情否也？士之衣食，皆取资于人，人亦曾受其益否也？

【译文】

家中老小都依靠我生活，我是否曾体会到他们的心情与需要呢？读书人的衣食全凭着他人的生产来维持，是否也让他人得到些益处呢？

第 168 则

【原文】

富不肯读书，贵不肯积德，错过可惜也；少不肯事长①，愚不肯亲贤②，不祥莫大焉！

【注释】

①事长：侍奉长辈。

②亲贤：亲近贤达之人。

【译文】

致富后不愿读书，地位高了不愿积德，错过了可为的机会实在可惜；年轻时不尊敬长辈，愚昧又不肯接近贤能的人，没有比这更不吉祥的事了。

第 169 则

【原文】

自虞廷立五伦为教①，然后天下有大经②；自紫阳集四子成书，然后天下有正学。

【注释】

①虞廷：虞舜之世。

②大经：常规，常道。

【译文】

自从虞舜以五伦立教以后，天下才有了不可变易的人伦大道；自朱熹集《论语》、《孟子》、《大学》、《中庸》为四书后，天下才有了奉为准则的中正之学。

第 170 则

【注释】

①意趣：心意志趣。

【原文】

意趣清高①，利禄不能动也；志量远大，富贵不能淫也。

【译文】

心境志趣清雅高尚，金钱禄位便不能变易其意志；志向广阔高远，即使荣华富贵也不能放纵迷乱本心。

第 171 则

【注释】

①翁姑：公婆。

【原文】

最不幸者，为势家女作翁姑①；最难处者，为富家儿作师友。

【译文】

最不幸的事是给有财有势人家的女儿做公婆；最难办的事是给富家子弟做老师或朋友。

第 172 则

【注释】

①福人：使人得福。

【原文】

钱能福人①，亦能祸人，有钱者不可不知；药能生人②，亦能杀人，用药者不可不慎。

②生人：使动用法，意即"使人活"、"使人生存"。

【译文】

钱财能够给人福分，但也能带来祸害，有钱的人不能不明白这个道理；药能够救活人，但也能够毒死人，用药的人不能不小心谨慎。

第 173 则

【原文】

凡事勿徒委于人①，必身体力行，方能有济；凡事不可执于己，必集思广益，乃罔后艰②。

【注释】

①徒：仅，只。

②罔：无，没有。后艰：以后的艰难和困苦。

【译文】

不要事事都交给别人去办，一定要身体力行，才能对自己有所帮助；不要任何事情都固执己见，只有集思广益，才不会在日后出现困难。

第 174 则

【原文】

耕读固是良谋①，必工课无荒②，乃能成其业；仕宦虽称显贵，若官箴有玷③，亦未见其荣。

【注释】

①良谋：好计策，好办法。

②工课无荒：耕作和

读书没有荒废。

③箴：劝告，规诫。玷（diàn）：原指玉的斑点，引申为过失、缺点。

【译文】

　　耕种和读书固然是好的谋生之道，但只有两者并重不致荒怠，才能成就事业；做官虽能富贵显达，但如果为官受到玷污，那就不是什么荣耀的事了。

第 175 则

【注释】

①疾：担心，忧虑。称：称誉，褒扬。

②科名：本指科举的名目，这里指科举之名。

【原文】

　　儒者多文为富，其文非时文也；君子疾名不称①，其名非科名也②。

【译文】

　　读书人的财富便是文章多，但这些文章并不是指应时之作；正直的君子担心名声不好，不能为人称道，这个名声指的不是科举之名。

第 176 则

【注释】

①切问：极力地向人请教。

②收放心：收回放纵散漫的心，专心于学。

【原文】

　　博学笃志，切问近思①。此八字，是收放心的功夫②；神闲气静，智深勇沉。此八字，是干大事的本领。

【译文】

　　学识广博，志向坚定，切实地请教，认真地思考，这是研究学问的重要功夫；心神安详，气质沉稳，有深刻的智慧、沉毅的勇气，这是做大事必备的主要能力。

第 177 则

【原文】

何者为益友？凡事肯规我之过者是也[1]；何者为小人？凡事必徇己之私者是也[2]。

【注释】

[1]规：规诫，规劝。

[2]徇：曲从，偏袒。

【译文】

哪一种朋友才算益友呢？那些愿意规劝改正我们过错的人就是益友；哪一种朋友算是小人呢？那些一味偏袒我们过错、从自己私利出发的人便是小人。

第 178 则

【原文】

待人宜宽，唯待子孙不可宽；行礼宜厚[1]，唯行嫁娶不必厚。

【注释】

[1]厚：周到，厚重。

【译文】

对待他人应该宽厚，但是对待子孙千万不能宽容；礼节要周到厚重，但办婚事不必大肆铺张。

第 179 则

【注释】

①未然：未来出现的情
形或情况。

②听其自然：任其自然
发展。

【原文】

事但观其已然，便可知其未然①；人必尽其当然，乃可听其自然②。

【译文】

事情只要看它已经如何，便能预知将要发生的事情；一个人如能尽其本分，然后便可顺其自然地发展。

第 180 则

【注释】

①高卑：崇高和浅陋。

②德泽：德化和恩惠。

③久暂：长久还是短暂。

【原文】

观规模之大小，可以知事业之高卑①；察德泽之浅深②，可以知门祚之久暂③。

【译文】

看规模法式的大小，便可以知道这项事业是宏大还是浅陋；观察品德与恩泽的深浅，便可以知道家运是长久还是短暂。

第 181 则

【原文】

义之中有利，而尚义之君子，初非计及于利也；利之中有害，而趋利之小人^①，并不顾其为害也。

【注释】

①趋利：急于图利。

【译文】

在行义之中也会得到利，这个利是重义的君子始料不及的；在谋利中也会有不利的事情发生，这是一心求利的小人不愿看到的。

第 182 则

【原文】

小心谨慎者，必善其后^①，畅则无咎也^②；高自位置者，难保其终，亢则有悔也^③。

【注释】

①必善其后：一定能善始善终。

②咎：过失，罪过，又指灾祸。

③亢：至高，这里指高傲。

【译文】

小心谨慎的人，处理事情必定会善始善终，保持通达的事理就不会犯下过错；身居高位的人，很难在自己的位置上维持长久，因为达到顶点后的结果便是走下坡路。

第 183 则

①养生：摄养身心，以期保健延年。

②明道：申明道理，明白事理。

③假：因，借，凭借。

④逞：显露，炫耀。

【原文】

耕所以养生①，读所以明道②，此耕读之本原也，而后世乃假以谋富贵矣③。衣取其蔽体，食取其充饥，此衣食之实用也，而时人乃藉以逞豪奢矣④。

【译文】

耕田是为了糊口活命，读书是为了明白道理，这是耕田和读书的本意，然而后人却当做谋求富贵的手段；穿衣是为了遮体，吃饭是为了充饥，这原本是衣食的实用价值，但现在的人却用以显示自己的奢侈与豪华。

第 184 则

【注释】

①布置：使用，运用。

【原文】

人皆欲贵也，请问一官到手，怎样施行？人皆欲富也，且问万贯缠腰，如何布置①？

【译文】

人都希望自己显贵，请问一旦高官到手，你又将怎样施行仁政呢？人都希望自己富有，请问要是你腰缠万贯了，又将如何使用这些钱财呢？

第 185 则

【原文】

文、行、忠、信①，孔子立教之目也，今唯教以文而已；志道、据德、依仁、游艺②，孔门为学之序也，今但学其艺而已。

【译文】

文、行、忠、信，是孔子教导学生所立的科目，现在却只交学生文学了。志道、据德、依仁、游艺，是孔门求学的次序，现在只剩最后一项学艺罢了。

【注释】

①文：指诗、书、礼、乐等典籍。

②游艺：以六种技艺作为具体本领。

第 186 则

【原文】

隐微之衍①，即干宪典②，所以君子怀刑也。技艺之末，无益身心，所以君子务本也。

【译文】

一些不留意的过失，很可能就会干犯法度，所以君子行事，常在心中留礼法，以免犯错。技艺是学问的末流，对身心并无改善的力量，所以君子重视根本的学问，而不把精力浪费在旁枝末节上。

【注释】

①隐微：隐蔽而细小的。衍：过失。

②干：违反。宪典：法律，法典。

第 187 则

【注释】

①无恒：没有恒心。

②患：担心，忧虑。

【原文】

士既知学，还恐学而无恒①；人不患贪②，只要贫而有志。

【译文】

读书人既知道学问的重要，却恐怕学习时缺乏恒心。人不怕穷，只要穷得有志气。

第 188 则

【注释】

①饰：装饰。

【原文】

用功于内者，必于外无所求；饰美于外者①，必其中无所有。

【译文】

在内在方面努力求进步的人，必然对外在事物不会有许多苛求；在外表拼命装饰图好看的人，必定内在没有什么涵养。

第 189 则

【注释】

①机：关键，枢要。

【原文】

盛衰之机①，虽关气运②，而有心者必贵诸人谋③；性命之理，固极精微④，而讲学者必求其实用。

【译文】

　　兴盛或是衰败，虽然有时和运气有关，但是有心人一定要求在人事上做得完善。形而上的道理，固然十分微妙，但是讲求这方面的学问，一定要它能够实用。

第 190 则

【原文】

　　鲁如曾子①，于道独得其传，可知资性不足限人也；贫如颜子，其乐不因以改，可知境遇不足困人也。

【译文】

　　像曾子那般愚拙的人，却能在孝道上颇得孔子的真传，可见天资不好并不足以限制一个人。像颜渊那么穷的人，却并不因此而失去他的快乐，由此可知遭遇和环境并不足以困住一个人。

第 191 则

【原文】

　　敦厚之人，始可托大事，故安刘氏者①，必绛侯也②；谨慎之人，方能成大功，故兴汉室者，必武侯也③。

② 气运：犹言命运、运气。

③ 贵诸人谋：看重人的谋划。贵，重视，看重。

④ 精微：精细而隐微。

【注释】

① 鲁：愚拙，迟钝。

【注释】

① 刘氏：指以汉高祖刘邦为主的汉室皇族。

② 绛侯：指西汉开国功

臣周勃。

③武侯：即三国蜀汉政治家、军事家诸葛亮。

【译文】

忠厚诚实的人，才可将大事托付给他，因此能使汉朝天下安定的，必定是周勃这个人。唯有谨慎行事的人，才能建立大的功业，因此能使汉室复兴的，必然是孔明这般人。

第 192 则

【注释】

①救止：解救阻止。

②殆：大概，可能。宥（yòu）：宽恕，饶恕。

【原文】

以汉高祖之英明，知吕后必杀戚姬，而不能救止①，盖其祸已成也；以陶朱公之智计，知长男必杀仲子，而不能保全，殆其罪难宥乎②？

【译文】

像汉高祖如此英明的皇帝，明知吕后将来会杀掉他心爱的戚夫人，却也不能够事先挽救阻止，那是因为祸事已经酿成的缘故；就连陶朱公这样足智多谋的人，在明知他的长子会在日后杀害其次子，却也不能够及时挽救，那是因为次子所造成的罪孽是无法原谅的。

第 193 则

【注释】

①处世：为人处世。

【原文】

处世以忠厚人为法①，传家得勤俭意便佳。

【译文】

在社会上为人处世，应当以忠实敦厚的人为效法对象，传与后代的只要能得勤劳和俭朴之意便是最好的了。

第 194 则

【原文】

紫阳补《大学·格致》之章，恐人误入虚无，而必使之即物穷理，所以维政教也①；阳明取孟子良知之说，恐人徒事记诵②，而必使之反己省心③，所以救末流也。

【注释】

①维正教：维护正统名教。

②徒：只，仅。

③反己省心：反省自己的本心。

【译文】

朱熹注《大学·格物致知》一章时，特别加以补充说明，只恐学人误解而入于虚无之道，所以要人多去穷尽事物之理，目的在维护孔门的正教。王阳明取了孟子的良知良能之说，只怕学子徒然地只会背诵，所以一定要教导他们反观自己的本心，这是为了挽回那些学圣贤道理只知死读书的人而设的。

第 195 则

【原文】

人称我善良，则喜；称我凶恶，则怒。此可见凶恶非美名也，即当立志为善良。我见人醇谨①，则爱；见人浮躁，则恶。此可见浮躁非佳士也，何不反身为醇谨?

【注释】

①醇谨：醇厚谨慎。醇，朴实，厚重。

【译文】

别人说我们善良就高兴，说我们凶恶就愤怒，可见凶恶不是好的名声，所以我们应当立志做个善良的人。看到别人醇厚谨慎就心生喜爱，心浮气躁就产生厌恶之感，可见浮躁不是优秀之人的品行，那为什么不反省自己，变得醇厚谨慎呢？

第 196 则

【注释】

①宽平：宽松而平稳。

②激切：激动，激烈。

【原文】

处事要宽平①，而不可有松散之弊；持身贵严厉，而不可有激切之形②。

【译文】

处理事情要不争迫而平稳，但是不可因此而太过宽松散漫，立身最好能严格，但是不可造成过于激烈的严酷状态。

第 197 则

【注释】

①阙：过失，缺陷。

②形质：形体。

③自薄：自我轻视，自己看不起自己。

【原文】

天有风雨，人以宫室蔽之；地有山川，人以舟车通之；是人能补天地之阙也①，而可无为乎？人有性理，天以五常赋之；人有形质②，地以六谷养之；是天地且厚人之生也，而可以自薄乎③？

【译文】

天上有风有雨，人就建造房屋来躲避它；地上有山川河流，人就制造车船来交通。原因是人们能够弥补天地的缺憾，岂能没有任何作为呢？世间有理性规范着我们人类，上天以仁、义、礼、智、信来禀赋我们人性；大地以黍、稷、菽、麦、稻、粱作为其滋养；天地对我们如此仁厚，我们人类自己就更不该妄自菲薄了。

第 198 则

【原文】

人之生也直，人苟欲生①，必全其直；贫者士之常，士不安贫，乃反其常。进食需箸②，而箸亦只悉随其操纵所使，于此可悟用人之方；作书需笔，而笔不能必其字画之工，于此可悟求己之理。

【注释】

①苟：假如，如果。

②箸（zhù）：吃饭的用具，俗称筷子。

【译文】

人生下来便是正直的，所以人生在世，一定要走正道；贫穷本也是读书人应有的正常之事，所以不安于贫穷的读书人便是违背了常理。吃饭需要用筷子，而筷子也只能随主人的操纵来选择食物，由此可以看出用人的方法；写字要用笔，而笔不能使字美好，由此可以明白凡事需靠自己的道理。

第 199 则

【原文】

家之富厚者，积田产以遗子孙，子孙未必能保；不如广积阴功①，使天眷其德，或可少延。家之贫穷者，谋奔走以给衣食，衣

【注释】

①阴功：犹言阴德。指暗中有德于人的功业。

食未必能充；何若自谋本业，知民生存勤，定当有济。

【译文】

富有的人家把积聚的田产留给子孙，可是子孙未必就能够保住，倒不如多做善事让上天来眷顾我们的阴德，从而可使子孙福分更长久一些。贫穷的人千方百计筹措衣食，但衣食未必就能满足自己的需要，倒不如努力干自己的分内之事，因为谋生的根本在于勤奋，这样才会有更多的收获。

第 200 则

【注释】

①揆（kuí）：揣度，判断。

②遽（jù）行：仓促地去做。遽，仓促。

【原文】

言不可尽信，必揆诸理①；事未可遽行②，必问诸心。

【译文】

言语不可以完全相信，一定在要理性上加以判断、衡量，看看有没有不实之处。遇事不要急着去做，一定要先问过自己的良心，看看有没有违背之处。

第 201 则

【注释】

①天伦之乐：泛指家庭的乐趣。

【原文】

兄弟相师友，天伦之乐莫大焉①；闺门若朝廷②，家法之严可知也。

②闺门：本指城墙之小者，后指内室之门。也指家门。

【译文】

兄弟彼此为师友，伦常之乐的极致就是如此。家规如朝廷一般严谨，由此可知家法严厉。

第 202 则

【原文】

友以成德也①，人而无友，则孤陋寡闻，德不能成矣；学以愈愚也②，人而不学，则昏昧无知，愚不能愈矣。

【注释】

①成德：成就德业。
②愈愚：医治愚昧无知。

【译文】

朋友可以促进我们德业的进步，人如果没有朋友，那么学问见识就会浅薄，而不会有远见卓识；学习是为了消除愚昧，人如果不学习，就会昏庸无知，那么愚昧的思想就难以医治。

第 203 则

【原文】

明犯国法，罪累岂能幸逃①？白得人财，赔偿还要加倍。

【注释】

①幸逃：侥幸逃脱。

【译文】

明明知道而故意触犯国法，岂能侥幸地逃避法律的制裁？平白无故地取人财物，偿还的要比得到的多加几倍。

第 204 则

【原文】

浪子回头①，仍不惭为君子。贵人失足②，便贻笑于庸人。

【译文】

浪荡子若能改过而重新做人，仍可做个无愧于心的君子。高贵的人一旦做下错事，连庸愚的人都要嘲笑他。

第 205 则

【原文】

饮食男女①，人之大欲存焉，然人欲既胜，天理或亡②。故有道之士，必使饮食有节，男女有别。

【译文】

饮食的欲望和男女的情爱，是人的欲望中最主要的。然而如果放纵它，让它凌驾于一切之上，可以使道德天理沦亡。所以有道德修养的人，一定要让饮食有节度，男女有分别。

第 206 则

【原文】

东坡《志林》有云："人生耐贫贱易，耐富贵难；安勤苦易，安闲散难；耐疼易，忍痒难；能耐富贵，安闲散，忍痒者，必有道之士也"，余谓如此精爽之论^①，足以发人深省，正可于朋友聚会时，述之以助清谈^②。

【译文】

苏东坡在《志林》一书中说道："人生承受贫贱是容易的，但承受住富贵却是比较困难的；生活在勤劳中容易，但生活在闲散中却难以度日；忍受疼痛容易，但忍受奇痒却难。如果这些富贵、闲散、奇痒等都能够承受得了，那这样的人必定是有高尚修养之人。"我认为这么精辟直爽的言论，足以让人有深刻的体悟，这也正好是我们朋友聚会时可以谈论的话题，从而增添谈话的诸多情趣。

【注释】

①精爽：本指精神、魂灵。这里指精当而爽直。

②清谈：清雅的言谈、议论，又指公正的舆论。

第 207 则

【原文】

余最爱《草庐日录》有句云："淡如秋水贫中味，和若春风静后功。"读之觉矜平躁释^①，意味深长。

【注释】

①矜平躁释：自负孤傲之心得以平息，浮躁之气得以消释。矜，自负贤能。

【译文】

　　我最喜爱《草庐日录》中的一句话："贫穷的滋味就像秋天的流水一般淡泊，静下来的心情如同春风一样平和。"读后觉得心平气和，句中的话真是含意深远而耐人咀嚼。

第 208 则

【注释】

①利人土地：贪求别国土地之利。

②当做如是观：应当用这种观点去看待。

【原文】

　　敌加于己，不得已而应之，谓之应兵，兵应者胜；利人土地①，谓之贪兵，兵贪者败，此魏相论兵语也。然岂独用兵为然哉？凡人事之成败，皆当作如是观②。

【译文】

　　敌人攻打本国，不得已而针锋相对，这叫做"反应"，不得已而应战的必然能够取胜；贪图其他国家的土地，都是些贪兵，为掠夺他国的土地而发动战争必然失败，这是魏相谈论兵法时所说的话。这不仅适用于用兵之道，就连我们个人的成败得失也应遵从这个道理。

第 209 则

【注释】

①特：只，但。

②常然：常理如此。

【原文】

　　凡人世险奇之事，决不可为，或为之而幸获其利，特偶然耳①，不可视为常然也②。可以为常者，必其平淡无奇，如耕田读书之类是也。

【译文】

　　凡是人世间危险奇怪的事，绝不要去做，虽然有人因为做了这些事而侥幸得到利益，那也不过是偶然罢了！不可将它视为常理。可以作为常理的，一定是平淡而没有什么奇特的事，例如耕田、读书之类的事便是。

第 210 则

【原文】

　　忧先于事故能无忧，事至而忧无救于事，此唐史李绛语也，其警人之意深矣，可书以揭诸座右①。

【注释】

①揭诸座右：题写在座位的右边，作为激励和鞭策自己的格言。

【译文】

　　如果事前考虑，事到临头就会有应对的策略。如果事情已经来临再去忧虑，就会于事无补了。这是唐史上李绛所说的话。它对我们的警示很多，可以作为我们的座右铭（来时时提醒自己不要犯这方面的错误）。

第 211 则

【原文】

　　尧、舜大圣，而生朱、均。瞽、鲧至愚①，而生舜、禹；揆以余庆余殃之理②，似觉难凭。然尧、舜之圣，初未尝因朱、均而灭。瞽、鲧之愚，亦不能因舜、禹而掩③，所以人贵自立也。

【注释】

①至愚：非常愚笨，极其愚笨。

②揆（kuí）：测度，

度量。余殃：旧指先辈
遗及后代的灾殃。

③掩：掩盖。

【译文】

尧和舜都是古代的大圣人，却生了丹朱和商均这样不肖的儿子；瞽和鲧都是愚昧的人，却生了舜和禹这样的圣人。若以善人遗及子孙德泽，恶人遗及子孙祸殃的道理来说，似乎不太说得通。然而尧舜的圣明，并不因后代的不贤而有所毁损；而瞽鲧那般的愚昧，也无法被舜禹的贤能所掩盖，所以人最重要的是能自立自强。

第 212 则

【注释】

①惺惺：清醒，机灵。

【原文】

程子教人以静，朱人教人以敬，静者心不妄动之谓也，敬者心常惺惺之谓也①。又况静能延寿，敬则日强，为学之功在是，养生之道亦在是，静敬之益人大矣哉！学者可不务乎？

【译文】

程子教人要保持安静，朱子教人要尊敬他人。静就是心不能起妄念，敬就是时常保持清醒的头脑。因为心不起妄念，便可延年益寿；时常保持清醒，便可日有长进，求取学问的道理和养生的方法就在这里。静与敬对人的好处如此之大，求学的人能不在这两点上多下工夫吗？

第 213 则

【注释】

①龟从筮从：龟卜和筮

【原文】

卜筮以龟筮为重，故必龟从筮从乃可言吉①。若二者有一不从，或二者俱不从，则宜其有凶无吉矣。乃《洪范》稽疑之篇，则于龟从筮逆者，仍曰作内吉。于龟筮共违于人者，仍曰用静吉。是知吉凶在人，圣人之垂戒深矣。人诚能作内而不作外，用静而不用作，循分守常^②，斯亦安往而不吉哉！

卜都顺从。

②循分守常：遵循本分，安守常道。

【译文】

在古代占卜，是以龟甲和蓍草为主要的工具，因此，一定要龟卜及筮古皆赞同，一件事才可称得上吉。如果龟和蓍中有一个不赞同，或是两者都不赞同，那么事情便是凶险而无吉兆了。但是《尚书·洪范》稽疑篇中，则对于龟卜赞同、蓍草不赞同的情形，视为做内面的事吉祥。即使龟甲和蓍草占卜的结果都与人的意愿相违，仍然要说无所为则有利。由此可知，吉凶往往决定在自己，圣人已经教训得十分明白了。人只要能对内吉外凶的事情在内行之而不在外行之，对于完全与人相违的事守静而不做，安分守己，遵循常道，那么岂不是无往而不利吗？

第 214 则

【原文】

每见勤苦之人绝无痨疾，显达之士多出寒门，此亦盈虚消长之机^①，自然之理也。

【注释】

①盈虚消长：盈满就会走向亏损，消耗尽了就会转为增长，这就是物极必反、此消彼长的道理。

【译文】

常见勤勉刻苦的人绝对不会得到痨病，而显名闻达之士往往是劳苦出身，这便是盈则亏、消则长，也是大自然本有的道理。

第 215 则

【注释】

①下人：屈居他人之
下。
②上人：居于他人之
上。

【原文】

欲利己，便是害己；肯下人①，终能上人②。

【译文】

原本想做对自己有利的事，往往却是害了自己；如果能甘于人下，终究能高居人上。

第 216 则

【注释】

①克孝：能够尽孝道。

【原文】

古之克孝者多矣①，独称虞舜为大孝，盖能为其难也；古之有才者众矣，独城周公为美才，盖能本于德也。

【译文】

古来能够尽孝道的人很多，然而唯独称虞舜为大孝之人，乃是因为他能在孝道上为人所不能为之事。自古以来有才能的人很多，然而单单称赞周公是美才，乃是因为周公的才能以道德为根本。

第 217 则

【注释】

①缩头：比喻不当逃避。

【原文】

不能缩头者，且休缩头①；可以放手者，便须放手。

【译文】

于情于理不当逃避的事，就要勇敢地去面对。可以不要放在心上的事，就要将它放下。

第 218 则

【原文】

居易俟命^①，见危授命，言命者总不外顺其正；木讷近仁^②，巧令鲜仁^③，求仁者即可知从人之方。

【注释】

①俟（sì）：等待。

②讷（nè）：迟钝。

③巧令：巧言令色。

鲜：少。

【译文】

君子平日爱在静处居住，以等待时机，一旦国家有难便可力挽狂澜，讲究命运的人从来不吝惜将自己的命运投注在应当从事的事业之中；不善言辞就容易接近仁德，花言巧语是缺乏仁德的表现，寻求仁德的人由此可以看出什么是求仁德的真正方法。

第 219 则

【原文】

见小利，不能立大功；存私心，不能谋公事。

【译文】

只顾眼前蝇头小利的人，是不能成就大的功业的；存有自私心理的人，是不能谋划公众事务的。

第 220 则

【注释】

①正己：端正自己。

【原文】

正己为率人之本①，守成念创业之艰。

【译文】

端正自己为带领他人的根本，保守已成的事业要念及当初创立事业的艰难。

第 221 则

【注释】

①恒业：恒久的事业。

【原文】

在世无过百年，总要作好人、存好心，留个后代榜样；谋生各有恒业①，哪得管闲事、说闲话，荒我正经工夫。

【译文】

人活在世上也不过百年而已，所以我们做人应该心存善念，才能成为后人学习的榜样；谋生各有各自所从事的行业，哪里还有时间去管他人的闲事、说他人的闲话，而为此去荒废正当的营生。